黑河流域蓝绿水资源
及其可持续利用

刘俊国　臧传富　曾　昭　著

U0296340

科学出版社

北　京

内 容 简 介

　　黑河流域是典型的干旱区内陆河流域，本书从黑河流域蓝绿水的时空动态分布和水资源利用的可持续性出发，详细介绍黑河流域近 30 年来蓝绿水的时空动态分布格局变化，并引入了水足迹的概念，对该流域蓝绿水的利用的可持续性进行了评价。第 1 章介绍了黑河流域水资源评价，引入水足迹的概念。第 2 章介绍了本书研究方法。第 3 章介绍了黑河流域蓝绿水资源时空分布格局。第 4 章介绍了人类活动的影响。第 5 章介绍了典型年份的时空差异。第 6 章介绍了黑河蓝绿水历史演变趋势。第 7 章介绍了黑河水资源短缺评价。第 8 章提出了结论与展望。

　　本书可供水资源管理与规划等相关专业人员阅读，特别为以黑河流域及中国内陆干旱半干旱流域的水资源管理和社会经济发展规划为研究内容的人员提供理论参考。

图书在版编目（CIP）数据

黑河流域蓝绿水资源及其可持续利用/刘俊国，臧传富，曾昭著. —北京：科学出版社，2016

ISBN 978-7-03-047827-6

I. ①黑…　II. ①刘…②臧…③曾　III. ①黑河–流域–水资源利用–研究　IV. ①TV213.9

中国版本图书馆 CIP 数据核字（2016）第 056140 号

责任编辑：韦　沁　焦　健/责任校对：张小霞
责任印制：张　伟/封面设计：耕者设计工作室

科 学 出 版 社 出版

北京东黄城根北街16号
邮政编码：100717
http://www.sciencep.com

北京教图印刷有限公司 印刷

科学出版社发行　各地新华书店经销

*

2016 年 3 月第 一 版　　开本：787 ×1092　1/16
2016 年 3 月第一次印刷　　印张：6 3/4
字数：166 000

定价：68.00 元
（如有印装质量问题，我社负责调换）

前　言

保证充足的淡水资源供给,不仅对人类是必不可少的,对生态系统也是极其必要的。水资源可以分为蓝水和绿水。蓝水主要指江、河、湖水及浅层地下水;绿水是指源于降水,储藏于非饱和土壤中并被植物以蒸散发的形式吸收利用的那部分水。以往,人们往往更多的关注蓝水而忽视绿水。但是绿水在保障粮食生产和维持生态系统平衡方面发挥着非常重要的作用。绿水支撑着雨养农业。同时,它也是维持陆地生态系统景观协调和平衡的重要水源,在保持生态系统健康中具有重要作用。近年来,蓝、绿水研究引发了科学界对水资源概念及评价的重新思考,逐步影响着人类对水资源管理的思维方式,已经成为水文水资源研究领域的热点问题。

同时,随着社会经济的快速发展,水资源短缺已成为许多国家和地区可持续发展的"瓶颈"。在气候变化和人类活动的双重影响下,缺水问题在世界各国发生的范围及其影响的程度进一步增加。水资源短缺已经成为全球经济社会可持续发展的重大障碍性因素之一。研究蓝绿水资源时空分布特征,阐明变化环境下蓝绿水资源演变规律及驱动机制,揭示水资源利用的可持续性,准确识别水资源短缺程度、成因及应对策略,已受到政府部门、社会公众和科研人员的广泛关注。

本书围绕变化环境下蓝绿水资源评价的重大科学问题以及水资源短缺综合应对的重大实践需求,提出了蓝绿水资源定量化评价的理论框架和方法,形成了结合水量水质综合评价水资源短缺的思想;结合水文与用水集成模型,评价流域蓝绿水空间分布格局,揭示变化环境下蓝绿水资源演变规律及驱动机制;基于水足迹理念,结合流域水量水质情况,评价流域的水量型和水质型缺水状况,并分析流域水资源利用的可持续性。选取干旱区典型内陆河黑河为研究区,进行蓝绿水和水资源短缺评价的实证研究。本研究发展了变化环境下蓝绿水资源评价的理论与方法,并为黑河流域水资源短缺综合应对提供了科学依据。

本书的学术思路和写作框架是在刘俊国教授的主持下完成的,程国栋院士给予了很多指导,并提出了宝贵的意见。本书是刘俊国教授的科研团队集体努力的结晶,也是其所指导的硕博研究生多年来辛勤工作的成果。其中有关黑河流域蓝绿水评价的章节主要是由臧传富博士完成;黑河流域水资源短缺与可持续评价章节主要由曾昭完成。全书的通稿由刘俊国教授完成,文字编校和出版事宜由刘俊国和臧传富共同完成。

本书研究工作得到了国家自然科学基金重大研究计划集成项目"黑河流域水-生态-经济系统的集成模拟与预测"(项目编号:91425303)、集成项目"黑河流域水资源管理决策支持系统集成研究"(项目编号:91325302)、培育项目"黑河流域蓝绿水研究"(项目编号:91025009)的资助。同时也得到了国家自然科学基金面上项目"京津冀水资源短缺演变规律及驱动机制"(项目编号:41571022)、北京市自然科学基金重点项目"京津冀水足迹演变驱动机制及水资源调控分析"(项目编号:20140505)以及中组部首批"青年拔尖人才"的部分资助。在上述研究中，中国科学院寒区旱区环境与工程研究所程国栋院士、中国科学院生态环境研究中心傅伯杰院士、中国农业大学康绍忠院士、中国科学院地理科学与资源研究所李秀彬研究员、中国科学院寒区旱区环境与工程研究所肖洪浪研究员、中国科学院南京土壤研究所张甘霖研究员等给与了诸多指导和帮助，特此致以衷心的感谢。此外，我们还要特别感谢国家自然科学基金委员会，尤其是地学部宋长青副主任、冷疏影处长以及国际合作局张英兰处长、张永涛处长等领导的关心和支持。本书的完成得到了有关专家同仁和领导的大量支持，在此我们特别感谢程国栋院士和傅伯杰院士对我们工作的指导和帮助。也感谢张英兰教授、李秀斌教授、肖洪浪研究员、张甘霖研究员在项目执行和科研工作中的指导和帮助。此外，我们特别感谢北京林业大学自然保护区学院、南方科技大学环境科学与工程学院、中国科学院寒区旱区环境与工程研究所、内蒙古农业大学林学院、内蒙古大兴安岭国家森林生态系统野外科学研究站、内蒙古根河林业局等单位对我们的大力支持和帮助。

　　由于著者水平有限，加上水资源研究本身的复杂性，书中不当之处在所难免，敬请读者批评指正。

作　者

2016 年 3 月于北京

目　　录

第1章 绪 论

1.1 研究背景的意义

在自然界，所有有机体都需要淡水资源来保证其生存（Oki and Kanae，2006）。保证足够的淡水资源供给不仅对人类是必不可少的，对生态系统也是极其必要的。一般意义上的水资源是指水循环中能够被生态环境和人类社会所利用的淡水，其补给来源主要为大气降水，储存形式为地表水、地下水和土壤水，可通过水循环逐年得到更新（程国栋等，2006）。可更新淡水资源是保持陆地生态系统健康、人类粮食安全和生态系统安全的基础性自然资源和战略性资源。在 20 世纪，由降水形成的可再生的淡水资源总量基本保持不变，而人类用水需求却激增了 6 倍。因此出现了人类生活和生产用水与生态系统争水的情况，这一状况在中国尤为严峻（Liu et al.，2013；徐宗学、左德鹏，2013）。人类生产生活用水挤占生态系统用水的现象频发，部分生态系统已发生严重退化。

水资源可以分为蓝水和绿水。蓝水主要是江、河、湖水及浅层地下水，绿水是指源于降水，储藏于非饱和土壤中并被植物吸收利用蒸腾的那部分水（Falkenmark，1995，2003）。近年来，蓝绿水研究引发了科学界对水资源概念及评价的重新思考，逐步影响着人类对水资源管理的思维方式，已经成为水文水资源领域研究热点（程国栋等，2006）。Falkenmark（1995）率先介绍了绿水的概念，并综述了绿水在陆地生态系统中的作用、绿水评价研究的进展、影响绿水流的因素、全球绿水资源状况和水安全等，提出应将绿水资源纳入水资源评价之中，重点开展蓝绿水资源综合评价、自然生态系统与粮食生产绿水均衡等研究，并重视绿水管理。蓝绿水的概念被提出以后，得到了水文学家、生态学家、农学家、环境学家以及诸多国际机构的广泛关注。综合评价绿水流和蓝水流也成为水资源研究的重要方向（Falkenmark and Rockström，2006；Schuol et al.，2008）。绿水流被定义为实际蒸散发，即流向大气圈的水汽流，包括农田、湿地、水面蒸发、植被截留等水汽流；蓝水流包括地表径流、壤中流（坡向流）、地下径流三部分（Schuol et al.，2008；Zang et al.，2012）。从全球水循环的角度来看，全球尺度上总降水的 65%通过森林、草地、湿地、农田的蒸散返回到大气中，成为绿水流；仅有 35%的降水储存于河流、湖泊以及含水层中，成为蓝水（Falkenmark，1995；程国栋等，2006）。

蓝水和绿水资源概念的出现不仅拓宽了水资源的内涵，而且为水资源管理提供了新的理论和思路（程国栋等，2006；徐宗学、左德鹏，2013）。如何定量评估蓝水和绿水资源成为水文资源研究领域最前治的科学问题之一。以往人们对流域或区域水循环的认识主要是以蓝水为主，而对流域生态系统和对人类极其重要的绿水却了解甚少。本研究拟选择干旱区典型内陆河流黑河为研究对象，以蓝绿水研究为核心，在流域尺度上分析蓝绿水空间分布格局、演变规律及驱动机制；基于水足迹理念，分析流域水资源短缺状况及水资源利用的可持续性，为国家内陆河流域综合管理、水安全、生态安全以及经济可持续发展提供理论基础和科技支撑。

1.2 蓝绿水的国内外研究现状

传统的水资源评价与管理侧重于地表水和地下水，也就是"蓝水"，却忽略了生态系统和雨养农业的重要水源"绿水"(Falkenmark，1995)。蓝绿水概念的提出，使水循环与生态学过程紧密联系起来，体现了植被与水文过程相互影响的关系。在国际上，蓝绿水的概念体系和评价方法仍处于初期发展阶段，但蓝绿水评价已在水文水资源领域逐渐得到高度重视（Rockström et al.，2010)。斯德哥尔摩国际水资源研究中心（Stockholm International Water Institute，SIWI)、联合国粮食农业组织（Food and Agriculture Organization，FAO)、国际水资源管理研究所（International Water Management Instiute，IWMI)、国际农业发展基金（International Fund for Agriaultural Development，IFAD)、全球水系统项目组（Globle Water System Project，GWSP)等国际机构和组织已经开始致力于绿水研究。

目前有关绿水的评价主要集中在全球或区域尺度上，重点评价绿水资源及其时空分布（Falkenmark Rockström，2006; Rost et al.，2008；Liu Y. et al.，2009；Liu J. et al.，2010，2013)。在全球尺度上，通过森林、草地、湿地等自然生态系统和农田生态系统蒸散返回到大气中的绿水流占陆地生态系统总降水的 61.1%，仅有不到 40%的降水储存在河流、湖泊以及浅层地下水层中，成为蓝水(Schiermeier, 2008)。绿水在全球生态系统和粮食生产中有着不可替代的作用，Liu 等（2009a）通过估算发现全球超过 80%的粮食生产依赖于绿水。而草地和森林生态系统的水的供给主要还是依赖于绿水。土地利用类型改变所导致的蓝绿水演变也成为研究热点（Jewitt et al.，2004；Gerten et al.，2005；Liu X. et al.，2009)。

目前，估算绿水资源量的方法基本可以分成以下三类：① 利用主要生态系统生产单位干物质所需要的蒸散量乘以初级生产力来评估绿水资源量。Postel 等（1996）采用净初级生产力数据，估算了全球雨养植被（天然森林、草地、人工林和雨养作物）蒸散量，并获得各主要土地利用类型的蒸散量，称其为绿水资源。② 采用水文或生态环境模型评估绿水流，将水资源划分为蓝水和绿水两部分。Jewitt 等（2004）采用农业集水区研究单元（ACRU）模型和水文土地利用变化（HYLUC）模型，估算了非洲南部 Mutale 流域九种土地利用情景下的蓝水绿水资源量。Schuol 等（2008）采用 ArcSWAT 模型并结合SWAT-CUP 不确定性分析算法估算了非洲大陆的尺度蓝水绿水资源量。Faramarzi 等（2009）在估算了伊朗在水库运行条件下，模拟了月尺度蓝水绿水资源量，并考虑了不同灌溉措施对小麦产量的影响。Liu J.等（2009，2010）采用生态系统过程模型（GEPIC)，以高空间分辨率对全球农业生产所消耗的蓝绿水以及各种管理方式对蓝绿水消耗的影响进行评价。Rost 等（2008）将水文模型与生物地理学以及生物地球化学相耦合，从而估算绿水流，并开发出全球植被动态模型（Dynamic Global Vegetation Model，DGVM)。吴洪涛等（2009）使用 AvSWAT 模型在碧流河流域估算了绿水资源量。③根据典型生态系统实际蒸散量及空间信息估算绿水资源量。Rockström 和 Gordon（2001）采用林地、草地以及湿地中各生物群系的覆盖面积乘以蒸散量，以及水分利用效率与作物产量之积来估算绿水流。在以上三种方法中，模型评价的方法由于成本低、易于进行大尺度高空间分辨率研究、能进行情景分析等诸多原因而受到国际科学界越来越多的关注。

在国内，蓝绿水研究才刚刚起步，相关研究还十分匮乏。程国栋和赵文智（2006）率先详尽介绍了绿水的概念及其在陆地生态系统中的作用，并倡导我国科学家加强绿水相关研究。刘昌明和李云成（2006）基于绿水、蓝水及广义水资源的概念，阐明了绿水与生态系统用水、绿水与节水农业的关系。以上文献发表以后，绿水的概念逐步被国内学者所熟悉，绿水的评价方法和关键科学问题也逐步得到阐述（李小雁，2008；邱国玉，2008）。最近，我国学者也开始在蓝绿水评价方面进行了一些探讨性的研究。Liu Y.等（2009）应用 GEPIC 模型，采用 0.5 弧度的空间分辨率（每个栅格大约为 50km×50km），对全球农田生态系统的蓝绿水进行了评价，得出全球农田生态系统 80%以上的水分消耗源于绿水的结论；在此基础上，Liu Y.等（2009）将中国农田的绿水流分解为生产性绿水（植被蒸腾）和非生产性绿水（土壤蒸发），研究表明农田生态系统中生产性绿水约占总绿水流的 2/3。吴洪涛等（2009）使用 SWAT 水文模型在碧流河上游地区评估了绿水的时空分布。Liu X.等（2009）量化了中国北部老哈河流域由于土地利用及覆被变化所导致的蓝流水变化情况。吴锦奎（2005）、程玉菲（2007）、田辉（2009）、金晓媚（2009）、高洋洋（2009）、Li 等（2010）等利用卫星遥感做了对黑河流域蒸散发的影响研究，温志群等（2010）做了典型植被类型下的绿水循环过程模拟。目前国内外蓝绿水评估主要集中在全球或区域尺度上，精度不高且难以直接应用于实际流域水资源管理。在流域尺度上，蓝绿水资源及用水模式的集成研究还很少见。而且，Liu J.等（2009）、Liu Y.等（2009）研究发现人类活动（如灌溉）对蓝绿水演变存在很大的影响。

尽管学者们在蓝绿水演变与土地使用方面做过一些初步探讨性研究（Gerten et al.，2005；Liu Y. et al.，2009；赵微，2011）。但在流域尺度上，综合考虑变化环境下蓝绿水演变规律和机制的研究还不多见。总之，目前有关蓝绿水的研究无法在流域尺度上全面揭示气候-水文-生态-人类的相互关系，应用蓝绿水概念进行流域水资源管理尚缺乏充足的科学依据。

1.3　黑河流域水资源评价的研究状况

中国被联合国列为 13 个贫水国之一，占国土面积 1/3 的西北干旱内陆河地区由于先天性水资源短缺，加上不合理的水资源使用，使得水问题已经成为当地经济发展和生态保护的关键性问题（程国栋等，2006）。人类活动对干旱区水文循环和生态系统的影响相当突出，生态退化问题也比较严重。充分认识流域水循环过程是流域水资源管理的基础（夏军等，2009）。但是目前对干旱区内陆河流域水循环的认识仍然是以地表水为主，兼顾地下水，对流域生态系统及人类极其重要的绿水资源及其用水模式却了解甚少，急需形成流域尺度相对完整的蓝绿水综合评价的理论框架以支撑流域科学的研究。

黑河流域是典型的干旱区内陆河流域，具有干旱地区内陆河流域的典型特征（程国栋等，2006）。黑河流域南部祁连山区至北部荒漠地带，形成了以水循环过程为纽带、由高到低、从东南向西北的链状山地-绿洲-荒漠复合生态系统，呈现出西北地区内陆河流域典型的景观格局特征（程国栋等，2006）。由于黑河中下游地区严重荒漠化，居延海干枯，并成为沙尘暴的主要来源地，由此形成了波及中国北方甚至东亚地区的强大沙尘暴，引起了中国政府的高度重视和国内外社会各界的广泛关注（程国栋等，2006）。

　　黑河流域水文水资源研究在此背景下也取得了很大的进展。程国栋等（2006）估算了黑河流域的出山径流量、冰川融水径流量等蓝水水资源量。陈仁升等（2003）、韩杰等（2004）使用 TOPMODEL 对黑河上游山区流域的径流量进行了逐日模拟。王中根等（2003）、黄清华和张万昌（2004）尝试将分布式水文模型 SWAT 模型应用在黑河上游山区流域，并取得了较好的模拟效果。贾仰文等（2006a，2006b）从水循环的机理着手，在考虑人工对水循环影响的基础上，以 ArcGIS 为处理平台，开发了黑河流域水循环系统的分布式模拟模型 WEP-HeiHe，将其应用于黑河上游模拟预测。李弘毅和王根绪（2008）应用融雪径流模型对黑河上游融雪期间径流量进行了模拟。杨明金等（2009）以黑河流域出山口莺落峡水文监测站 55 年天然径流序列为基础分析了流域出山径流年内变化规律。赵映东等（2009）使用统计方法分析了黑河产流区气温、降雨、蒸发、径流变化规律。王录仓等（2010）和郭巧玲等（2011）利用典型气象站近 50 年气温降雨资料，分析了黑河流域气候变化对地表径流的影响。周剑等（2009）应用遥感、地理信息系统和地统计学方法，分析了黑河流域中游土地利用变化对地下水位时空变异性的响应。张应华、仵彦卿（2009）做了黑河中游地区地下水补给机理的研究。赵建忠等（2010）对黑河中游地区地表地下水的转换做了总结和分析。贺缠生等（2009）应用分布式大流域径流模型评估气候变化对水文的影响和冰川退缩对中游和下游来水量的影响。Li 等（2011）通过对西北四河冰川冻土的退化研究表明，黑河流域的衰退系数达到了 58%，从而对该流域的水文过程产生了显著的影响。Wang（2011）运用遥感技术，结合 AIEM 模型，研究了黑河流域的土壤水和地表粗糙程度对水文的影响。Zhou 等（2011）利用遥感技术，结合 FEFLOW/MIKE11 模型，做了黑河中游地表地下水的转换研究。Li 等（2010）用四种气候模型，在三种不同情景下，结合 SWAT 模型，做了气候变化对黑河水资源的影响，并对黑河流域 2010～2039 年的水文气候变化做了预测。其结果表明，该流域的径流将有 −19.8%～37%的变化，土壤水将有−5.5%～17.2%的变化，而蒸散发将增加 0.1%～5.9%。Li 等（2009，2010）利用 SWAT 模型在黑河流域上游进行了模拟，并对模型的不确定性进行了分析。

　　总的来说，在黑河流域，蓝水依然是学者们研究的重点，而对于生态系统与人类极为重要的绿水研究还很匮乏。目前有关蓝绿水的研究无法在流域尺度上全面揭示气候-水文-生态-人类的相互关系，应用蓝绿水概念进行流域水资源管理尚缺乏充足的科学依据。在流域尺度上以蓝绿水研究为核心，认识干旱区内陆河流域蓝绿水空间分布格局，探讨蓝水、绿水的转化规律，对于解决干旱区关键水循环及生态系统科学问题，探讨流域水资源可持续利用和管理对策，实现流域可持续发展具有重要的理论和现实意义。

　　自 2010 年开始，国家自然科学基金委员会开始立项资助"黑河流域生态-水文过程集成研究"重大研究计划项目。本重大研究计划以我国黑河流域为典型研究区，从系统思路出发，通过建立我国内陆河流域科学观测-试验、数据-模拟研究平台，认识内陆河流域生态系统与水文系统相互作用的过程和机理,建立流域生态-水文过程模型和水资源管理决策支持系统,提高内陆河流域水-生态-经济系统演变的综合分析与预测预报能力,为国家内陆河流域水安全、生态安全以及经济的可持续发展提供基础理论和科技支撑。该计划共立项重大项目、重点项目和培育项目近百项,经过数百位学者的辛苦努力,在水文模型开发、水资源评估、地下水勘探、冰川和冻土水文过程、河岸林耗水的监测与保护、降水的来源与核算、生态-水文过程监测等方面产生了大量高水平的研究成果。"黑河流域蓝绿水评价"是在该重大研究计划框架下资助的一个项目,旨在综合考虑蓝水和绿水两种水源,更全面的评价水资源及其可持续利用情况。

1.4　水文模型模拟蓝绿水研究进展

为了在流域尺度上研究蓝绿水时空演变规律,需要应用水文模型对黑河流域的水文过程进行模拟。从目前掌握的情况来看,由美国农业部开发的半分布式水文模型 SWAT (Arnold et al., 2005)能够用于流域水文循环的模拟与预测,近年来在国内外得到广泛应用(庞靖鹏等,2007;Zhang et al.,2008)。SWAT 模型是目前世界上应用较为广泛的模型之一,主要用于对水资源分布及其变化进行评价,也可以对关键区非点源污染进行识别和模拟,其设计模块较为全面和成熟,能够较好地满足使用者的需要(Gassman et al., 2010)。SWAT 模型在流域尺度进行水量评价、地表径流模拟等方面得到了广泛应用(郝芳华等,2003)。目前国内大量研究采用 SWAT 模型模拟气候条件和土地利用类型变化对流域水文循环过程的影响,如海河流域(王中根等,2008;李建新等,2010),黄河流域(程磊等,2009;李志等,2010),淮河流域(竹磊磊等,2010),潮河流域(郭军庭,2012)。SWAT 模型可以结合其他模型或者模型的模块来模拟和评价气候变化和人类活动对某一流域水文过程的影响。Stonefelt 等(2000)和 Fontaine(2001)采用 SWAT 模型耦合气候变化情景,模拟研究 CO_2 等浓度变化对植被生长以及径流量的影响。SWAT 模型在河流产沙量、农田农药输移、流域和灌区非点源污染等方面也得到了广泛应用(王晓燕等,2008;张永勇等,2009;孙永亮等,2010)。

SWAT 模型输入参数的率定与验证的过程会直接影响到模型模拟结果优劣。评价 SWAT 模型模拟的精确程度通常采用决定系数(R^2)和纳什系数(E_{ns})。国内外大量研究对 SWAT 模型的参数敏感性分析和参数率定进行了改善,并获得了较为理想的结果(黄清华、张万昌,2010)。Gassman 等(2007)在总结 37 个应用 SWAT 模型模拟污染物损失的研究案例后指出:大部分 SWAT 模型的模拟研究都是对水文过程模拟的精度好于对污染物模拟的精度。同时,该模型对日尺度模拟并不理想,主要原因是日尺度的输入数据不能充分代表这些流域特征。SWAT 模型在实践应用过程中不断得到改进和完善。从 20 世纪 90 年代的 SWAT 94.2 到 SWAT 2009,SWAT 模型经历了多次修改,每次修改都进行了完善或者增加了新功能。Eckhardt 等(2002)针对德国中部山区坡陡、基岩厚、土壤浅及地下水占径流的比例较小等特点,修正 SWAT 模型中渗透和壤中流的计算公式,较好模拟了该地区以壤中流为主的产流过程。SWAT 模型基结合 ArcviewGIS 平台的 AvSWAT-2000 和 AvSWAT-2005,还有基于 ArcGIS 平台的 ArcSWAT 都是在同样结构下运行 SWAT 模型，使其具备了非常强大的空间分析与处理功能。综上所述，SWAT 模型经过国内外科学家 30 多年的发展与应用，模型的实用性和精确性已经在全世界的不同流域和地区得到推广和验证。

国际和国内都存在专门针对蓝绿水评价的应用案例（Schuol et al.，2008；Faramarzi et al.，2009；吴洪涛等，2009）。SWAT 模型首先根据地形将流域分成若干子流域，然后根据土壤特性（魏怀斌等，2007）与土地利用情况将子流域分成若干水文响应单元 (Hydrologic Response Unit, HRU)。SWAT 以日为时间步长，以水文响应单元土壤水平衡为基础，模拟地表径流、土壤蒸发、植被蒸腾、浅层与深层地下水渗漏等水文过程。地表径流采用修正的径流曲线法计算(SCS curve number method)，潜在蒸发量可根据数据获取情况选择 Penman、Penman-Monteith 或 Hargreaves 等方法计算（Arnold et al.，1998）。其他水文过程的计算方法在 Arnold 等（2005）著作中有详细介绍。本研究的重点是将 SWAT 模型应用到干旱区的内陆河黑河流域，并进行蓝绿水时空分布格局分析（包括蓝绿水资源的空间分布和不同典型年份蓝绿水特征分析）。SWAT 模型能够通过产水量（特定时间内进入河道的水量）和地下径流之和来评价蓝水流量，通过实际植被蒸腾和土壤蒸发来评价绿水流量，通过一段时间后贮存在土壤层中的水量来评价绿水贮存量。地形、土壤、气象、土地利用、管理方式、水利工程等的空间异质性决定了蓝绿水空间分布，不同历史时期的气象参数等决定了蓝绿水在不同典型年份的特征差异。通过收集黑河流域以上信息，建立黑河流域基础数据库，并将其应用 SWAT 模型作为输入数据，以此为基础分析蓝绿水空间分布格局及不同典型年份蓝绿水特征。

1.5　水资源短缺评价依法

国际上水资源短缺评价方法通常以当地水资源数量和用水量为基础，主要有四类评价方法。

第一种方法为 Falkenmark 指标法，由瑞典科学家 Falkenmark 教授（1995）首先提出。该方法在核算人均水资源需求量的基础上，设定几个水资源短缺的阈值：人均水资源量小于 1700 $m^3 \cdot a^{-1}$ 为水资源紧缺；小于 1000 $m^3 \cdot a^{-1}$ 为水资源短缺；小于 500 $m^3 \cdot a^{-1}$ 为绝对水资源短缺。此方法易于理解，所需数据也容易获得，因此在水资源评价初期得到了广泛的应用。但该方法只考虑到地区的水资源量，并不能反映水利基础设施对水资源短缺的缓解能力，也不能反映不同地区由于气候条件、生活方式等因素差异导致的水资源需求量的变化。

第二种方法是将水资源量与用水情况相比较以评价水资源短缺。典型代表为 Alcamo 等（2000，2003）采用的紧迫系数（criticality ratio）法，即用水量与可更新水资源总量的比值。这类方法在水资源评价中得到广泛的应用，如 Vörösmarty 等（2000）在 Science 上发表文章，以此种方法为基础，采用 0.5 弧度的空间分辨率评价了全球水资源量及水资源短缺情况。Oki 和 Kanae（2006）在 Science 上发表文章，采用类似的方法评价了全球水资源现状及未来水资源短缺情况，并预测在最坏的情境下，未来会有 2/3 的人口面临不同程度的水资源短缺。但是，该方法仍然存在很大的局限性，如没有考虑在现有水资源条件下，有多少水是可以给人类利用的；计算采取的用水量数据并不代表水消耗量数据；没有考虑社会压力等因素。

第三种方法由国际水资源管理研究所（IWMI）提出，在评价水资源短缺时考虑人类需水量与水资源量的比重以及实际供水能力，将水资源短缺分为物理型缺水（physical water scarcity）和经济型缺水（economic water scarcity）。物理型缺水指当地的水资源量少，无法满足和适应经济发展而造成的水资源紧张。经济型缺水指当地水资源量充沛，但是需要进行水利设施的投资建设，才能够开发和利用水资源。该评价方法较为复杂，难以获得全面的数据，且这种方法只适用于国家层面的评价，难以进行小尺度的水资源评价。

第四种方法是 Sullivan 等（2003）开发的水贫穷指标法（water poverty index），既反映水资源数量和实际供水能力，又考虑用水的生态效应（Sullivan，2002）。指标考虑了水的可获取性、水资源量、用水、水资源管理能力、环境影响等因素。同样，这种方法较为复杂，适合于国家尺度的评价。

在水资源短缺评价体系中，无论是国际还是国内，都很少把水质型水资源短缺，即水污染作为评价体系中的一项重要的参考指标（Falkenmark et al.，1995；Vörösmarty et al.，2000；Oki and Kanae，2006）。水资源短缺评价往往只重视数量上的短缺，而将水质问题单独考虑，水量水质联合评价方法尚未成熟。然而，水量短缺和水质恶化已经同时成为了许多地区和国家可持续发展的制约性因素（Vörösmarty et al.，2000；Oki and Kanae，2006）。例如，中国被联合国列为 13 个贫水国之一，先天性水资源短缺。随着人口增长和社会经济的发展，水资源受到各种污染，致使水质恶化。水污染导致的水质型缺水与资源性缺水彼此影响，使我国缺水状况更加严重。单纯的水量评价和不考虑水质的水资源短缺评价无法识别水质污染对可利用水资源量的影响。我国传统的水污染评价指标往往通过划分不同水质类型，以国家环境保护总局（现中华人民共和国环境保护部）颁布的《地表水环境质量标准》作为依据，评价水资源质量的状况。如在各地的水资源公报中，最常用的方法是评价满足不同水质标准的河流长度、湖泊面积、水库座数、地下水监测井数等。这种方法能够评价水体水质的状况，但不能够反映不同人类活动对于湿地水质恶化的影响程度。水生态环境承载力是另一项反映水体纳污能力的指标，旨在量化一定的环境目标和水文条件下，水体能够容纳的最大排放负荷或污染物量。环境承载力能够反映湿地水质净化能力，但不能够定量的解释一定排污量对水质净化能力的影响。除此之外，我国传统的水污染评价方法还有综合污染指数法、模糊数学法、人工神经网络分析法和热力学方法等（付国伟、程声通，1985；李相虎等，2004），同样，这些方法也主要是评价受污染水体的污染程度，而对于水资源数量与质量相互影响的关系研究不多。

国际上越来越重视水质水量相结合的研究，我国在这方面的工作也逐渐展开。例如，夏军等（2006）构建了水量水质的联合评价方法，用以评价地表来用水情况。方法的主要特色是以单元和复合系统的水量水质过程对应关系及空间分布对应关系为基础，评价总水资源中水质的分布情况。夏星辉等（2005）建立了流域的水量与水质联合评价方法，并应用在黄河流域上，提出了水资源功能容量与水资源功能亏缺的概念。研究将河流的天然径流量分为三类，从河道中抽取用于工业、农业和生活的水，流向海洋或其他外流域的水，储存于河道的水。若实际水质高于水资源功能要求的水质标准，表明水体还能够满足更高的水资源功能要求，具有水资源功能容量；若实际的水质低于水资源功能要求的水质标准，表明水体存在水资源功能亏缺。该评价方法以社会经济系统对水资源的需求为基础，评价水资源总量中能够被社会利用的水量，难以反映河道生态需水的状况。王西琴等（2006）从自然和社会水循环，以及河流水量水质（如污径比）出发，建立了生态需水综合评价方法，并应用在辽河流域。这些方法虽然较为简单，但是需要获取非常全面的数据量，张永勇等（2009）以 SWAT 模型为基础，采用分布式水量水质耦合模型，提出了基于水循环过程的水量水质联合评价方法，并应用在海河流域地区。但是，这些方法主要应用在流域尺度，尚未形成能够适用于多尺度水资源短缺评价的普遍方法。尽管国内外在水量水质联合评价方面有了很大的进展，目前水资源短缺的评价仍然是以蓝水资源量为主，水质型缺水往往停留在定性评价上，无法满足同时考虑水量及水质的综合性缺水定量评价的需求。

1.6　基于水足迹理念评价水资源短缺评价

水足迹是由荷兰屯特大学 Hoekstra 教授等人于 2002 年提出的一个关于水资源消耗指标的概念（Hoekstra et al.，2003），定义为人类生产和消费过程中消耗的淡水资源总量，包括直接用水量和间接用水量（Hoekstra and Hung，2002）水足迹评价作为一种分析工具，能够很好地描述人类活动和水资源短缺间的紧密关系，同时也为综合性的水资源管理提供了一种创新的方法（Hoekstra et al.，2011）。它是一个体现消耗的水量、水源类型以及污染量和污染类型的多层面指标，其所有组成部分都明确了水消耗和污染发生的时间和地点。

水足迹分为蓝水足迹、绿水足迹和灰水足迹。蓝水足迹指生产产品或服务过程中消耗的蓝水资源，即地表水和地下水量。绿水足迹指人类生产过程中消耗的绿水资源。灰水指人类生产过程中吸纳了污染物的水（Hoekstra et al.，2011）。灰水足迹的概念由 Hoekstra 和 Chapagain（2008）于 2008 年首次提出，经过水足迹网络的灰水足迹工作小组（Zarate et al.，2010）的不断完善，定义为以自然本底浓度和现有的水质环境标准为基准，将一定的污染负荷吸收同化所需的淡水体积。灰水足迹实现了从水量的角度评价水污染程度的目的，能够更直观的反映水污染对可用水资源量的影响。

国内外的水足迹研究主要集中在以下五个层面：过程、产品、部门、行政区域以及全球。在过程层面，Chapagain 等（2006）计算了棉花在不同生产过程中的水足迹。在产品层面，Mekonnen 和 Hoekstra（2011）评价了 1996~2005 年间全球 126 种作物的蓝、绿和灰水足迹；比萨（Aldaya and Hoekstra，2009）、咖啡和茶叶（Chapagain and Hoekstra，2007）等产品的水足迹也都有学者进行了核算。在部门层面，Aldaya 等（2010）计算了西班牙农业、工业和生活部门的水足迹，并发现西班牙水资源短缺的主要原因是农业部门中水资源的不合理分配和管理。在国家层面，中国（Ma et al.，2006；Liu and Savenije，2008）、印度（Kampman et al.，2008）、印度尼西亚（Bulsink et al.，2010）、荷兰（Van Oel et al.，2009）、英国（Chapagain and Orr，2008）及法国（Ercin et al.，2012）等国家也都有相关的水足迹评价研究。在全球层面，Hoekstra 和 Chapagain（2007），Hoekstra 和 Mekonnen（2012a）等对人类活动消耗的产品和服务的水足迹进行了核算和评价。尽管目前来看，越来越多的学者都在开展水足迹的相关研究，但是，因为流域尺度统计数据的短缺，在流域层面进行的水足迹研究还相对较少（Zhao et al.，2010；UNEP，2011），尤其是处于干旱、半干旱区域的流域。评价流域尺度的水足迹是非常必要的，它不仅是理解人类活动对自然水循环影响的重要步骤和过程，同时也是进行水资源综合管理和有效利用的基础。

在水足迹方法中，灰水足迹为定量评价水质型水资源短缺提供了新的方法。在国际上，灰水足迹的概念体系和评价方法仍处于初期发展阶段，但灰水足迹理念已在水文水资源和环境科学领域得到了高度重视，并引起包括国际水足迹网络、联合国环境署、联合国粮农组织等多个国际组织的广泛关注。目前国内外的灰水足迹研究主要集中在两个方面，一是评价农业产品的灰水足迹，如 Chapagain 和 Hoekstra（2007）计算了 2000～2004 年全球稻谷的蓝、绿和灰水足迹，从生产和消费的角度对其进行了评价，结果表明降低灰水足迹的途径主要是减少田间作物的化肥和杀虫剂的施用量、提高水资源的有效使用等。二是评价工业产品的灰水足迹，如 Ercin 等（2011）研究了一种盛在 0.5L PET（聚对苯二甲酸乙二醇酯）瓶中的假想的含糖碳酸饮料的水足迹，研究发现，影响该假想产品水足迹的主要因素是产品的蓝水足迹和灰水足迹。由于产品的原材料（如糖、咖啡因等）在生产过程中也会由于使用化肥和杀虫剂而造成水体污染，因此选用的原材料的生产地和生产方式的差异，导致了最终产品的灰水足迹的差异。我国学者在灰水足迹方面已经开始尝试一些探索性的研究。盖力强等（2010）借鉴灰水足迹的概念计算和评价了华北平原小麦和玉米两种作物的灰水足迹，并提出在评价一个国家和地区的水资源利用状况时，需要考虑肥料和农药对水资源污染的影响。何浩等（2010）研究了 1960～2008 年湖南省水稻的水足迹变化，结果显示水稻灰水足迹比重呈现明显上升趋势，污染正在加剧。目前我国有关灰水足迹的研究，还处于学习模仿国外先进理念与计算方法的初级阶段，有关灰水足迹的研究尚未形成完整的科学体系，更不具备以灰水足迹指导水资源合理利用和可持续管理的条件。整体来看，在区域和流域尺度，基于灰水足迹，定量评价水污染引起的水质型水资源短缺的研究尚不存在。

水足迹作为一种分析和评价工具，能够很好地将人类活动与淡水资源相联系，定量评价人类用水、耗水、需水以及水污染状况。但是，水足迹作为一个新概念被引入水资源短缺评价体系的时间还非常短，采用水足迹评价工具来综合分析当地水量型水资源短缺和水质型水资源短缺的研究还非常少。

1.7 研究内容和技术路线

1.7.1 研究内容

围绕变化环境下蓝绿水资源评价的重大科学问题以及水资源短缺综合应对的重大实践需求，提出了蓝绿水资源定量化评价的理论框架和方法，形成了结合水量水质综合评价水资源短缺的思想；结合水文与用水集成模型，评价流域蓝绿水空间分布格局，揭示变化环境下蓝绿水资源演变规律及驱动机制；基于水足迹理念，结合流域水量水质情况，评价流域的水量型和水质型缺水状况，并分析流域水资源利用的可持续性。选取干旱区典型内陆河黑河为研究区，进行蓝绿水和水资源短缺评价的实证研究。本研究发展了变化环境下蓝绿水资源评价的理论与方法，并为黑河流域水资源短缺综合应对提供了科学依据。具体包括以下 45 个方面的研究内容。

（1）自然条件下黑河流域蓝绿水的时空动态分布格局。选取我国干旱区典型内陆河黑河，采用半分布式水文模型，在流域尺度上模拟自然条件下（无人类活动干扰）蓝绿水形成过程，评价流域蓝绿水时空分布格局。

（2）人类活动影响下黑河流域蓝绿水的时空动态分布格局。分析气候变化、土地利用变化和灌溉对流域蓝绿水时空分布格局的影响，定量的评价不同情景下黑河流域的蓝绿水变化规律，探讨变换环境下流域蓝绿水转化规律。

（3）黑河流域蓝绿水在典型年份的时空差异研究。研究黑河流域不同典型年份（干旱年、湿润年、平水年）蓝绿水的时空动态分布特征，探讨黑河流域蓝绿水在不同典型年份间的变化规律。

（4）黑河流域蓝绿水历史演变趋势分析。结合模型模拟结果和统计检验方法，分析流域、上中下游及各子流域蓝绿水历史演变趋势，并对未来蓝绿水的变化趋势进行预测；

（5）黑河流域水资源短缺评价及可持续分析。采用水足迹理念，计算流域的蓝绿水足迹和灰水足迹，评价流域水质型和水量型缺水状况，并在月尺度上分析黑河流域水资源利用的可持续性。

1.7.2 技术路线

本书具体技术路线如图 1.1 所示。选取干旱区典型内陆河流黑河作为研究对象，收集黑河流域气象、土壤、冰雪冻土分布、土地利用、径流、"三水"用水、社会经济、污染物排放等基础数据。采用流域水文模型，模拟流域水文过程，并通过比较模拟径流与实测径流，调整模型参数，进行模型校验。利用校验后的水文模型评价流域蓝绿水形成过程及其空间分布格局，分析干、湿、平典型时段年份蓝绿水特征。结合黑河流域自然、水文、社会、经济情况，完善流域水足迹模型，模拟流域蓝绿水耗水情况，计算流域蓝、绿、灰水足迹，评估流域水量型和水质型缺水，分析水资源利用的可持续性，提出黑河流域水资源管理的政策建议，为决策部门科学开展流域水资源管理提供理论依据。

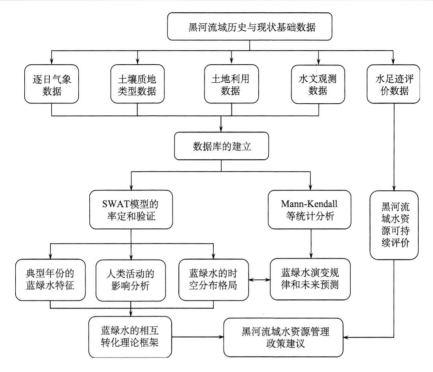

图 1.1 研究技术路线

第2章　研究区概况与研究方法

2.1　研究区概况

2.1.1　气候水文特征

黑河是我国第二大内陆河，位于西北内陆地区，发源于祁连山北麓，流经青海、甘肃、内蒙古三地。黑河干流全长 821 km，上游发源于祁连山，下游终于居延海（中华人民共和国水利部，2002）。黑河流域位于欧亚大陆中部，远离海洋，流域气候主要受中高纬度的西风带环流控制和极地冷气团影响。该流域气候干燥，降水稀少且集中，太阳辐射强烈，昼夜温差大。由于受大陆性气候和青藏高原的祁连山-青海湖气候区影响，中、下游的平原及阿拉善高原属中温带气候区（李占玲，2009）。黑河流域水资源时空分布不均匀，由于流域受季风的影响，降水量年内变化较大，汛期降水量大而集中，春季雨水少而不稳定。汛期的 6~9 月，是全年连续降水最大的 4 个月，其降水量占年降水量的73.3%以上；冬季 3 个月（12~2 月）降水量占年降水量的 3.5%。春夏季的 5~7 月是农业用水高峰期，但降水量普遍偏少（李占玲，2009）。

黑河流域气候具有明显的东西和南北差异，降水量空间分布也不均匀。南部祁连山区，降水量由东向西递减，雪线高度由东向西逐渐升高。中部走廊平原区降水量由东部的 250 mm 向西部递减为 50 mm 以下，潜在蒸发量则由东向西递增，自 2000 mm 以下增至 4000 mm 以上。南部祁连山区海拔 2600~3200 m 地区年均气温 1.5~2.0℃，年降水量 380 mm 以上，最高达 700 mm，相对湿度约 60%（王金叶等，2006）。中部河西走廊平原光热资源丰富，年平均气温 2.8~7.6℃，日照时间长达 3000~4000 h，是发展农业理想的地区（刘少玉等，2008；刘艳艳等，2009）。南部山区海拔每升高 100 m，降水量增加 15.5~16.4 mm；平原区海拔每增加 100 m，降水量增加 3.5~4.8 mm，蒸发量减小 25~32 mm。下游的额济纳平原深居内陆腹地，是典型的大陆性气候。根据近代地表水、地下水的水力联系，黑河流域可划分为东、中、西三个子水系。其中西部水系为洪水河、讨赖河水系；中部为马营河、丰乐河诸小河水系；东部水系为黑河干流、梨园河及东起山丹瓷窑口、西至高台黑大板河的 20 多条小河流（中华人民共和国水利部，2002）。山区形成的地表径流总量为 37.55 亿 m³，其中东部水系出山径流量 24.75 亿 m³，包括干流莺落峡出山径流 15.8 亿 m³，梨园河出山径流量 2.37 亿 m³，其他沿山支流 6.58 亿 m³（李万寿，2001）。

黑河流域源头分布有大小冰川约 100 km²，估计冰储量 27.5 亿 m³，年平均冰川融水 1.0 亿 m³，占河川天然径流量的 4%左右，其余 96%的径流量均由降水补给（程国栋等，2006）。山区地表径流年内分配与降水过程和高温季节基本一致，春季以冰雪融水和地下水补给为主，夏、秋季以降水补给为主。春末夏初，随气温升高，冰川融化和河川积雪融化，地表径流量上升，至 5 月出现春汛，至 6 月径流量占全年总径流量的 24.55%，雨季（7~9 月）降水量增加，冰川融水量大，地表径流达 55.71%（李占玲，2009）。在每年的 6 月河水开始增加，7～9 月出现夏汛，9 月灌溉回归水和地下水大量溢出，形成年内河水高峰；10 月随冬灌和降水量减少，河川径流量再度减少，至 11 月达到最低值，12 月至翌年 3 月为非农业用水季节（李占玲，2009）。总的来说，黑河流域内水资源具有河川径流形成、利用、消失分区明显；河川径流以降水补给为主；河川径流年际变化小；径流年内分配集中河川径流年内分配不均匀；以及中游地表水、地下水转换频繁五大特点（李占玲，2009）。

2.1.2　土壤植被状况

流域上游祁连山地受山地气候、地形和植被影响，土壤具明显的垂直带谱，主要土类有寒漠土、高山草甸土（寒冻毡土）、高山灌丛草甸土（泥炭土型寒冻毡土）、高山草原土（寒冻钙土）、亚高山草甸土（寒毡土）、亚高山草原土（寒钙土）、灰褐土、山地黑钙土、山地栗钙土、山地灰钙土等（刘鹄、唐何，2011）。流域中、下游地区属灰棕荒漠土与灰漠土分布区。除这些地带性土类外，还有灌淤土（绿洲灌溉耕作土）、盐土、潮土（草甸土）、潜育土（沼泽土）和风沙土等非地带性土壤。在下游额济纳旗境内，以灰棕漠土为主要地带性土壤，受水盐运移条件和气候及植被影响，也分布硫酸盐盐化潮土、林灌草甸土及盐化林灌草甸土、碱土、草甸盐土、风沙土及龟裂土等非地带性土壤（刘鹄、唐何，2011）。上游祁连山山区植被属温带山地森林草原，生长着灌丛和乔木林，垂直带谱极其明显。东西山区稍有差异，由高到低，依次分布：高山垫状植被带，分布在海拔 3900～4200 m；高山草甸植被带，分布在海拔 3600～3900 m；高山灌丛草甸带，阳坡分布在海拔 3400～3900 m，阴坡在 3300～3800 m；山地森林草原带，阳坡海拔 2500～3400 m，阴坡 2400～3400 m（丁松爽、苏培玺，2010）。此植被带对形成径流、调蓄河流水量、涵养水源有着非常重要的作用。中下游地带性植被为温带小灌木、半灌木荒漠植被（丁松爽、苏培玺，2010）。

2.1.3　流域社会经济及水资源利用状况

黑河流域内 2007 年人口总数为 163.2 万人，其中农业人口 112.75 万人；耕地 415.93 万亩，农田灌溉面积 306.54 万亩[①]，林草灌溉面积 85.55 万亩（肖生春等，2011）。流域上游地区包括青海省祁连县大部分和甘肃省肃南县部分地区，以牧业为主，人口 5.98 万人，耕地 7.69 万亩，农田灌溉面积 6.06 万亩，林草灌溉面积 2.70 万亩。中游地区包括甘肃省的山丹、民乐、张掖、临泽、高台等县（市），属灌溉农业经济区，人口 121.20 万人，耕地 390.87 万亩，农田灌溉面积 289.38 万亩，林草灌溉面积 44.95 万亩。下游地区包括甘肃省金塔县部分地区和内蒙古自治区额济纳旗，人口 6.63 万人，耕地 14.37 万亩，农田灌溉面积 11.10 万亩，林草灌溉面积 37.90 万亩（肖生春等，2011）。黑河流域中游张掖地区、酒泉地区和嘉峪关市的部分地区，共有干渠 192 条，总长度 2545 km，平均衬砌率为 57.5%。据不完全统计，黑河流域现有机电井 6484 眼，年开采能力达 5.115 亿 m^3（刘少玉等，2008；李占玲，2009）。

---

① 1 亩≈667m²。

2.2　研　究　方　法

2.2.1　概念介绍

　　水资源可以分为蓝水和绿水。蓝水主要是江、河、湖水及浅层地下水，绿水是指源于降水，储藏于非饱和土壤中并被植物以蒸散发的形式吸收利用的那部分水（Falkenmark，1995）。很多研究中引入了绿水流和蓝水流的概念（Falkenmark and Rockström，2006；Schuol et al.，2008），绿水流为实际蒸散发，即流向大气圈的水汽流，包括农田、湿地、水面蒸发、植被截留等水汽流；蓝水流包括地表径流、壤中流（侧流）、地下径流三部分（Schuol et al.，2008；Zang et al.，2012）。同时，很多研究中使用了绿水系数的概念（Liu Y. et al.，2009b），绿水系数是绿水流（实际蒸散发）占蓝绿水总量的比例。为了形象的诠释单位面积上的蓝绿水，引入了蓝水深度和绿水深度的概念，蓝水深度是指单位面积上的蓝水流；绿水深度是指单位面积上的绿水流。

2.2.2　数据资料收集及处理方法

2.2.2.1　水文、气象数据收集

　　本节收集了研究区扎木什克和莺落峡两个水文站 1980～2004 年的水文数据以及 19个气象站（图 2.1）的 1958～2010 年气象数据，包括日平均降水量、气温（日最高气温、

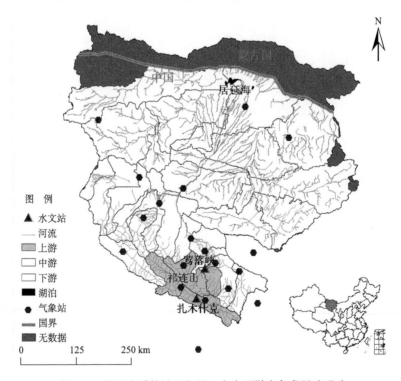

图 2.1　黑河流域的地理位置、上中下游和气象站点分布

日最低气温、平均气温）、日相对湿度和风速等。数据来源于自然科学基金重大研究计划黑河数据组（http://www.westgis.ac.cn/datacenter.asp）。

2.2.2.2　DEM

本研究中采用中国科学院国际科学数据服务平台和数据组提供的空间分辨率为30 m 的数字高程。并按照流域边界进行剪切，获得研究区数字高程图（见图 2.2），进而生成流域的坡度、坡向等地貌指数等。

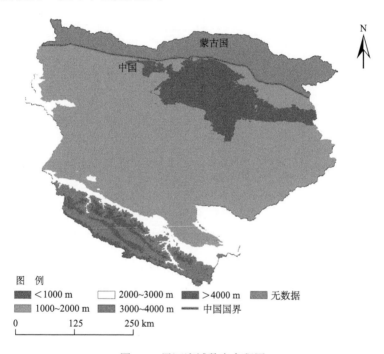

图 2.2　黑河流域数字高程图

2.2.2.3　土地利用数据获取

模型模拟所需黑河流域土地利用数据包括 1986 年、2000 年、2005 年分辨率为1 km 的三期数据（由黑河数据组提供），参照最新全国土地分类标准（见附录 A）和中国科学院土地利用分类（见附录 B），结合黑河流域的土地类型清查数据进行影像判读，把流域的土地利用分为有林地、灌木林地、草地、耕地、水域、居民区与建筑用地和未利用地等共 25 种利用类型（图 2.3）。

2.2.2.4　土壤数据

本研究使用的 1：100 万土壤数据取自和谐世界土壤数据库（Harmonized World Soil Database，http://www.iiasa.ac.at/Research/LUC/External-World-soil-database/）。该数据是由世界粮农组织（FAO）、奥地利国际应用系统分析研究所（IIASA）和中国科学院土壤科学研究所（ISSCAS）提供。该数据库共包括 5000 多种土壤类型，土壤分为两层

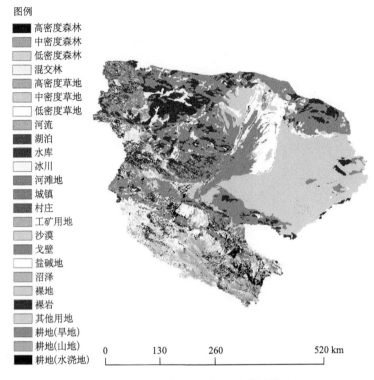

图例

■ 高密度森林
■ 中密度森林
■ 低密度森林
□ 混交林
■ 高密度草地
■ 中密度草地
□ 低密度草地
■ 河流
■ 湖泊
■ 水库
□ 冰川
■ 河滩地
■ 城镇
■ 村庄
■ 工矿用地
■ 沙漠
■ 戈壁
□ 盐碱地
■ 沼泽
■ 裸地
■ 裸岩
■ 其他用地
■ 耕地(旱地)
■ 耕地(山地)
■ 耕地(水浇地)

0　　　　130　　　　260　　　　　　　520 km

图 2.3　黑河流域 2000 年土地利用类型

（0～30 cm 和 30～100 cm）。该土壤数据库采用 FAO 土壤分类标准，为满足模型模拟的需要，使用过程中需参考美国分类标准，对土壤属性进行重新计算。黑河流域的主要土壤类型有 63 种，其中，上游主要有寒漠土、高山草甸土（寒冻毡土）、高山灌丛草甸土（泥炭土型寒冻毡土）、高山草原土（寒冻钙土）、亚高山草甸土（寒毡土）、亚高山草原土（寒钙土）、灰褐土、山地黑钙土、山地栗钙土、山地灰钙土等；中、下游地区主要有灰棕荒漠土和灰漠土。

2.2.3　SWAT 模型模拟方法

水文模型逐渐从传统的集总式水文模型发展到具有一定物理机制的水文模型；并从将整个流域作为一个整体，逐渐到开始考虑水文现象或要素的空间分布、水循环系统的各要素过程相互联系；从简单的对某一流域产汇流变化规律的分析，到变化环境条件的下水资源时空演变趋势、人类活动对水文循环的影响研究（李占玲，2009）。水文模型通过模拟自然界中复杂的水文现象来对流域或者区域水文系统进行研究，并在研究和解决流域水资源多目标决策和管理问题的过程中逐步得到发展和完善（徐宗学、李占玲，2010）。流域水文模型一般可以分为系统理论模型、概念性模型、物理模型三大类（徐宗学、李占玲，2010）。本书主要采用半分布式水文模型 SWAT 进行模拟。选择 SWAT 模型的主要原因有两点：第一，该模型已经成功地在世界很多国家和地区不同环境条件下进行了水量和水质模拟研究（Gerten et al.，2005；Gassman et al.，2007；Schuol et al.，

2008；Faramazi et al.，2009）；第二，该模型已经成功在黑河上游一些区域进行了模拟研究，并得到较为理想的结果（黄清华、张万昌，2004；李占玲，2009）。

2.2.3.1　模型建立和参数灵敏度分析

SWAT 模型可以模拟流域内多种水文物理过程。由于流域下垫面和气候因素具有时空差异性。所以 SWAT 模型通常首先根据 DEM 将流域细分为若干个子流域，子流域划分的大小，可以通过定义形成河流所需的最小集水区面积来调整，同时还可以通过增减子流域出口进行进一步调整。然后在每一个子流域内再划分为水文响应单元（Hydrologic Research Unit，HRU）。水文响应单元是包括子流域内具有相同植被覆盖、土壤类型和地形条件的陆面面积的集合。子流域内划分 HRU 有两种方式：第一种是选择一个面积最大的土地利用和土壤类型的组合作为该子流域的代表，即一个子流域就是一个 HRU；第二种是把子流域划分为多个不同土地利用和土壤类型的组合，即多个 HRU（李占玲，2009）。每一个 HRU 内的水量平衡是基于降水、地表径流、蒸散、壤中流、渗透、地下水回流和河道运移损失来计算的。地表径流估算一般可采用 SCS 径流曲线等算法（Arnold et al.，1998），渗透采用存储演算方法，结合裂隙流模型来预测通过每一个土壤层的流量，一旦水渗透到根区底层以下则成为地下水或产生回流。河道中流量演算采用变动存储系数法或 Muskingum 演算法（Arnold et al.，1998）。SWAT 模型提供了三种估算潜在蒸散发量的方法，分别是 Hargreaves（Hargreaves et al.，1985）、Priestley-Taylor（Arnold et al.，1998）和 Penman-Monteith 方法（Neitsch et al.，2002）。采用第二种 HRU 划分方式，土地利用和土壤面积的最小阈值比均定为 10，即如果子流域中某种土地利用和土壤类型的面积比小于该阈值，则在模拟中不予考虑，余下的土地利用和土壤类型的面积重新按比例计算，以保证整个子流域的面积得到 100%的模拟。本研究中地表径流估算采用 SCS 径流曲线数法；河道流量演算采用 Muskingum 法（Arnold et al.，1998）；蒸散发量估算采用 Hargreaves 方法。本书将同时输出扎木什克站和莺落峡站两个水文站的流量数据，与两站的实测数据做比较，分析 SWAT 模型在本研究区域径流模拟的适用性。选取模型中的水文和气象模块，模拟流域年和月径流和蒸散发等。

SWAT 模型包含很多参数，有些参数可以直接根据模型的输入数据如 DEM、土壤、土地利用类型图及其属性得到，而有些参数需要通过模型的率定得到。为减少参数估计中的不确定性问题，有必要先对参数的敏感性进行分析，然后综合考虑参数的物理意义及相关文献，选定所率定的参数；对不需要率定的参数以及不敏感参数，可以根据相关研究以及模型手册对这些参数进行经验型赋值，只要给定的经验值没有极大的偏离参数真值，一般不会明显的影响模拟效果。

2.2.3.2　模型的率定和验证

模型的率定和验证对任何一款想真实反映实际状况的模型来讲都是一项具有挑战性的工作。模型的率定和验证指标采用纳什系数（E_{ns}，Nash-Sutcliffe coefficient）和决定系数（R^2，Coefficient of determination；Nash and Sutcliffe，1970）。

见下式：

$$E_{ns} = 1 - \frac{\sum_{i=1}^{n}(Q_{oi} - Q_{mi})^2}{\sum_{i=1}^{n}(Q_{oi} - \overline{Q}_o)^2} \tag{2-1}$$

$$R^2 = \frac{\left[\sum_{i=1}^{n}(Q_{oi} - \overline{Q}_o)(Q_{mi} - \overline{Q}_o)\right]^2}{\sum_{i=1}^{n}(Q_{oi} - \overline{Q}_o)^2(Q_{mi} - \overline{Q}_m)^2} \tag{2-2}$$

式中，E_{ns} 为 Nash-Sutcliffe 系数，用于衡量模型模拟值与观测值之间的拟合度，该值越接近于 1，则模拟产流过程越接近观测值；R^2 为相关系数平方，R^2 可评价实测值与模拟值之间的数据吻合程度，当 $R^2 = 1$ 时表示非常吻合，当 $R^2 < 1$ 时其值越接近于 1 表明数据吻合程度越高；Q_{oi} 为第 i 个实际观测流量；Q_{mi} 为第 i 个模拟流量；n 为模拟流量序列长度。如果 $E_{ns} < 0$，说明模型模拟值比实测值可信度更低，通常取 $E_{ns} > 0.5$ 作为径流模拟效率的评价标准。R^2 越接近 1，说明模拟径流量与实测径流量越接近（模拟径流对实测径流的解释度越高），通常取 $R^2 > 0.6$ 作为径流模拟值与实测值相关程度评价标准（Nash and Sutcliffe，1970；袁军营等，2010）。

2.2.4　统计分析方法

统计方法是一种非常严格的工具，可用来检验某一区域或者流域长时间序列的气候和水文数据的变化趋势，常用的方法有径流历时曲线、回归分析、谱分析、参数检验以及非参数检验等。用于检验时间序列趋势性的方法有很多种，包括参数检验方法，如简单的线性拟合方法、分段线性拟合方法（Shao and Cabell，2002；Shao et al.，2009）、非线性拟合方法、多项式拟合、样条拟合等（Henderson，2006）；还包括非参数检验，如 Mann-Kendall（M-K）非参数统计检验法等（Burn and Hag Elnur，2002；Xu et al.，2003）。本书选用 Mann-Kendall（M-K）统计检验方法，研究黑河流域 51 年（1960～2010)间的蓝水流和绿水流进行分析,检验数据的变化的趋势性;运用 Sequential Version Mann-Kendall（S-M-K）方法对蓝绿水流、降水和温度进行突变点检验；运用 Sen's Estimator（S-E）对蓝绿水流、降水和温度的变化幅度进行检验；最后运用 Hurst 指数对黑河流域蓝绿水及降水温度的未来变化趋势进行预测。

1）Mann-Kendall 非参数统计检验法

Mann-Kendall（M-K）非参数统计检验法是由世界气象组织推荐的应用于环境数据时间序列趋势分析的方法，已经广泛用于检验水文气象资料的趋势成分，包括水质、流量、气温和降雨序列等（Burn and Hag Elnur，2002；徐宗学等，2010）。非参数统计方法实质是对数据序列的秩而不是实际数据值来判断两个变量间的相关程度，从而避免了水文研究中特大和特小值对结果的影响，可以比较客观地确定数据序列是否具有变化趋势（Liu and Todini，2002）。假定 $x_1, x_2, \ldots, x_n$ 为时间序列变量，n 为时间序列的长度，

M-K 法定义了统计量 S，并利用下式计算。

$$S = \sum_{k=1}^{n-1} \sum_{j=k+1}^{n} \text{sgn}(x_j - x_k) \tag{2-3}$$

式中，x_j 和 x_k 分别是第 j 年和第 k 年的观测数值，$j>k$；n 为序列的记录长度。$\text{sgn}(x_j-x_k)$ 表征下列函数：

$$\text{sgn}(x_j - x_k) = \begin{cases} 1 & \text{if } x_j - x_k > 0 \\ 0 & \text{if } x_j - x_k = 0 \\ 1 & \text{if } x_j - x_k < 0 \end{cases} \tag{2-4}$$

随机序列 S_i（$i=1...n$）近似服从正态分布。

$$Var(S) = \frac{1}{18}\left[n(n-1)(2n+5) - \sum_t t(t-1)(2t+5) \right] \tag{2-5}$$

利用下式计算统计检验值 Z：

$$Z = \begin{cases} \dfrac{S\text{-}1}{\sqrt{Var(S)}} & \text{if } S>0 \\ 0 & \text{if } S=0 \\ \dfrac{S+1}{\sqrt{Var(S)}} & \text{if } S<0 \end{cases} \tag{2-6}$$

式中，Z 为一个正态分布的统计量；Var（S）是 S_i 的标准差。$Z_a/2$ 是从标准正态分布函数中获得。当 $|Z| \leq Z_a/2$，则接受零假设；当 $|Z| \geq Z_a/2$，则拒绝零假设（零假设为无变化趋势），α 为显著性水平。

2）Sen's Estimator（S-E）非参数检验

S-E 非参数检验是用来估计某一变量的实际变化幅度的一种非参数检验方法（Sen，1968）。S-E 方法可假设变量的变化符合线性的变化，某一线性变量在某一时间序列中它的实际变化幅度可以被估计，这一简单的非参数检验方法被 Sen（1968）发展起来。

估计 N 对数据幅度的 Q_i 可用下式来计算：

$$Q_i = \frac{x_j - x_k}{j - k} \tag{2-7}$$

式中，x_j 和 x_k 分别表示在某一时段 j 和 k 的值，$j > k$。S-E 幅度变化 Q_i 的 N 值的驱动值等于其中位数。

如果 N 是奇数，则 S-E 的幅度计算公式为

$$Q_{\text{med}} = \frac{Q_{(N+1)}}{2} \tag{2-8}$$

如果 N 是偶数，则 S-E 的幅度计算公式为

$$Q_{\text{med}} = \frac{\left[\dfrac{Q_N}{2} + \dfrac{Q_{(N+2)}}{2} \right]}{2} \tag{2-9}$$

Q_{med} 是 α 置信区间下非参数双尾检验（Timo et al.，2002）。

3）Sequential Version Mann-Kendall（S-M-K）非参数检验方法

时间序列的趋势检验往往需要与变点检验相结合，用 S-M-K 检验法进行突变分析时，这个检验考虑了在时间序列（ x_1, x_2, $\cdots$, x_n ）中所有条件的相对值。假设没有任何趋势的零假设 H_0（观测值 x_i 随时间随机排列）和另一个假设 H_1 相对（存在一个单调上升或下降的趋势）（Feidas et al.，2004）。x_j（ $j = 1$,$\cdots$, n ）和 x_k（ $k = 1$,$\cdots$, $j-1$ ）比较大小，在每一组比较中，$x_j > x_k$ 的数量被计算并用 n_j 表示。

检验统计量 t_j 通过公式得

$$t_j = \sum_1^j n_j \tag{2-10}$$

检验统计量均值和方差为

$$E(t) = \frac{n(n-1)}{4} \tag{2-11}$$

$$Var(t_j) = \frac{\left[j(j-1)(2j+5)\right]}{72} \tag{2-12}$$

统计量 $u(t)$ 的序列数值通过下面公式计算得

$$u(t) = \frac{t_j - E(t)}{\sqrt{Var(t_j)}} \tag{2-13}$$

式中，$u(t)$ 为具有零均值和单位标准偏差的标准变量。计算得 $u(t)$，使 $UF_k = u(t)$，则 $UB_k = -u(t)$，如果 UF_k 和 UB_k 两条曲线出现交点，并且交点在临界线之间，则交点对应的时刻便是突变点的开始时间（Feidas et al.，2004）。

4）Hurst 指数

深入了解流域水文现象的未来变化趋势要，对管理者和决策者而言尤为重要。Hurst 指数对时间序列的未来趋势具有很强的预测能力。因此本章采用 Hurst 指数预测研究区域未来的气候变化趋势。估算 Hurst 指数的方法包括绝对值法、聚合方差法、R/S 分析法、周期图法、Whittle 法、残差方差法、小波分析法等。应用最广的是 R/S 分析法。R/S 分析法属于非参数分析法，不必假定潜在的分布是高斯分布，它对考察的对象几乎不作任何假设，具有很好的连续性（Sakalauskiene，2003；Li et al.，2008； Zhao et al.，2010）。

R/S 分析法的原理如下：考虑一个时间序列 $\{x(t)$，$t = 1, 2, \cdots\}$。对于任意正整数 $j \geq 1$，定义极差 R 序列：

$$R(j) = \max \sum_{t=1}^j [x(t) - x_j] - \min \sum_{t=1}^j [x(t) - x_j] \tag{2-14}$$

标准差 S 序列：

$$S(j) = \left\{ \frac{1}{j} \sum_{t=1}^j [x(t) - x_j]^2 \right\}^{1/2} \tag{2-15}$$

如果用观察值的标准差除以极差（即重标极差）建立一个无量纲的比率，如果满足如下关系式：

$$\frac{R(j)}{S(j)} = (\alpha j)^H \tag{2-16}$$

式中，α 为常数，则时间序列存在 Hurst 现象；H 为 Hurst 指数（Sakalauskiene，2003；徐宗学等，2010）。H 取值范围为（0，1）。当 $H = 0.5$，如上所述，即各项气候要素完全独立，气候变化是随机的。当 $0.5 < H < 1$，表明时间序列具有长期相关的特征，过程具有持续性。过去气候要素整体增加的趋势预示将来的整体趋势还是增加，反之亦然。且 H 值越接近 1，持续性就越强。当 $0 < H < 0.5$，表明时间序列具有长期相关性。但将来的总体趋势与过去相反，即过去整体增加的趋势预示将来的整体上减少，反之亦然，这种现象就是反持续性。H 值越接近 0，反持续性越强（Sakalauskiene，2003；徐宗学等，2010）。

2.2.5　蓝绿水研究的时间范围和空间尺度

根据研究目标和数据获取情况，本研究的时间尺度如下：自然条件和人类活动影响下黑河流域蓝绿水的时空分布格局研究（第 3 章和第 4 章）的时间范围是 1980～2005 年；黑河流域蓝绿水在典型年份的时空差异研究（第 5 章）和黑河流域蓝绿水历史演变趋势研究（第 6 章）的时间范围是 1960～2010 年。

本研究使用黑河流域新边界，本研究的空间尺度是黑河流域在中国境内的部分。本研究上中下游的划分主要依据中华人民共和国水利部（2002）对黑河流域上、中、下游的定义来划分的。在本研究中莺落峡以上的子流域为上游；正义峡到莺落峡之间的子流域为中游；正义峡以下的子流域为下游（图 2.1）。

2.2.6　蓝绿水的计算方法

本研究中蓝绿水是基于水量平衡公式（Arnold et al.，1998），根据 SWAT 模型输出结果进行计算。在 SWAT 模型中，绿水流为每个水文响应单元的实际蒸散发（ET）；蓝水流为每个水文响应单元的地表径流（SURQ）、壤中流（侧流）（LATQ）、地下径流（GWQ）这三部分之和。

绿水系数计算方法如下：

$$GWC = \frac{g}{b+g} \tag{2-17}$$

式中，GWC 为绿水系数；g 为某一时段（年、月、日）绿水量；b 为某一时段（年、月、日）蓝水量。

各个子流域的蓝绿水深度的计算是通过以下公式进行的：

$$S_{g/b} = \frac{\sum_{n=1}^{n}(w_i m_i)}{\sum_{1}^{n} m_i} \tag{2-18}$$

式中，$S_{g/b}$ 为某一子流域内的水总深度（蓝水、绿水、蓝绿水）；w_i 为某个水文响应单元的蓝绿水；m_i 为某个水文响应单元的面积；n 为该子流域内水文响应单元的个数。

不同时期蓝绿水相对变化率（RCR）的计算采用以下公式。

$$RCR = \frac{(V_i - V_0)}{V_0} \times 100\% \qquad (2\text{-}19)$$

式中，V 代表变量，在本研究中代表蓝水流、绿水流、蓝绿水总量和绿水系数。i 代表第 i 时期的变量值，0 代表原始时期的变量值。

2.2.7　水足迹评价方法

本研究中蓝水足迹（WF_{green}）、绿水足迹（WF_{blue}）和灰水足迹（WF_{grey}）的核算方法以《水足迹评价手册》（Hoekstra et al.，2011）提供的标准方法为基础。

2.2.7.1　蓝绿水足迹评价

农作物蓝绿水足迹是流域内作物的蓝绿水足迹总和，各类作物的蓝绿水足迹通过相应的虚拟水含量（VWC）与各自产量的乘积获得。虚拟水含量指在作物生长期间，维持单位产量(t)的作物生长需要的水量(m^3)，虚拟水中的蓝绿成分为有效降水（ER, $m^3 \cdot a^{-1}$）或灌溉（IR, $m^3 \cdot a^{-1}$）与作物产量（Y, $t \cdot a^{-1}$）的比值。作物虚拟水含量是此作物绿水虚拟水含量（VWC_{green}）和蓝水虚拟水含量（VWC_{blue}）之和。

$$VWC_{green} = \frac{ER}{Y} \qquad (2\text{-}20)$$

$$VWC_{blue} = \frac{IR}{Y} \qquad (2\text{-}21)$$

$$VWC = VWC_{green} + VWC_{blue} \qquad (2\text{-}22)$$

作物的 ER 和 IR 分别通过 CROPWAT 模型（Allen et al.，1998；FAO, 2010）模拟获得，模拟过程中，对雨养和灌溉情况都进行了考虑。建议采用"灌溉制度法"来计算 ER 和 IR（Hoekstra et al.，2011），因为该方法包含了日尺度的土壤水分动态平衡，能够更为准确的模拟作物生长条件。研究中并未考虑作物本身含有的蓝绿水，因为这些成分所占比例非常小（一般情况下，这些水分仅占蒸发水分的 0.1%，最高也只达 1%；Hoekstra et al.，2011）。

牲畜产品的蓝绿水足迹为流域内各类牲畜产品的蓝绿水足迹总和，各类牲畜产品的蓝绿水足迹通过相应的肉类虚拟水含量与各自产量的乘积获得。肉类虚拟水含量指生产单位肉类（t）需要的水量（m^3）。

肉类虚拟水含量由三部分构成：食物用水、牲畜饮水和产品加工用水（Mekonnen and Hoekstra，2012）。牲畜食物主要包括草、饲料和玉米。黑河流域只有玉米的种植同时需要降水和灌溉，而其他两种作物用水主要来自降水（Zhang，2003）。玉米的蓝绿水成分通过 CROPWAT 模型模拟得出。牲畜饮水和产品加工用水均来自蓝水。在此假设，牲畜的所有食物均来源于黑河流域。某类牲畜的食物用水量（FWR, $m^3 \cdot kg^{-1}$）通过某一作物的食物转化系数（FCE_f, 食物的干重与产出量之比）乘以这种作物的虚拟水含量（VWC_f, $m^3 \cdot kg^{-1}$）获得：

$$FWR = \sum_{f=1}^{N_f} FCE_f \times VWC_f \qquad (2\text{-}23)$$

牲畜食物用水量、饮水量（DWR, $\text{m}^3 \cdot \text{t}^{-1}$）和产品加工用水量（$PWR$, $\text{m}^3 \cdot \text{t}^{-1}$）构成了肉类虚拟水含量（$VWC$, $\text{m}^3 \cdot \text{t}^{-1}$）：

$$VWC = FWR + DWR + PWR \qquad (2\text{-}24)$$

食物用水计算中需要的食物转化系数，饮用水量及产品加工用水量均来自 Zhang（2003）的文献。

为了计算牲畜产品的月水足迹，假设牲畜每月的饮用水量相同，产品加工用水量也相同。每月的食物用水及其蓝绿水成分主要依据 CROPWAT 模型计算出的喂养作物的月用水情况。

工业部门和生活部门的蓝水足迹由每个部门的用水量乘以各自的水消耗率获得。

2.2.7.2　灰水足迹评价

灰水足迹采用将污染物稀释至达到环境水质标准需要的水量进行衡量，计算公式如下：

$$WF_{\text{grey}} = \frac{L}{C_{\max} - C_{\text{nat}}} \qquad (2\text{-}25)$$

式中，WF_{grey} 为灰水足迹，$\text{m}^3 \cdot \text{a}^{-1}$；$L$ 为污染物排放负荷，$\text{kg} \cdot \text{a}^{-1}$；$C_{\max}$ 为达到环境水质标准情况下的污染物最高浓度，$\text{kg} \cdot \text{m}^{-3}$；$C_{\text{nat}}$ 为受纳水体的初始浓度，$\text{kg} \cdot \text{m}^{-3}$，即指自然条件下某种污染物的浓度。

农业部门是面源污染的主要污染源。面源污染是指溶解的或固体的污染物从非特定的地点，在降水（或融雪）冲刷作用下，通过径流过程汇入受纳水体（包括河流、湖泊、水库和海湾等），并引起水体富营养化或其他形式的污染。如农田中施用的化肥和农药、累积在城市街道的地表沉积物等（郝芳华等，2003）。面源污染相对点源污染较为复杂。最简单的计算是假定一部分面源污染物最终会到达地表水或地下水，而进入水体的污染物与总施肥量中该物质（如氮元素）的比例为一个固定值（Hoekstra et al.，2011），即淋失率。淋失率的确定往往依赖于现存的文献研究。农业面源污染的灰水足迹的计算公式如下：

$$WF_{\text{grey}} = \frac{L}{C_{\max} - C_{\text{nat}}} = \frac{\alpha \times Appl}{C_{\max} - C_{\text{nat}}} \qquad (2\text{-}26)$$

式中，变量 $Appl$ 表示施用的化学物质量；α 表示进入水体的某物质引起的污染量占该物质施用量的比例。对于农业部门通常采用氮元素（N）或磷元素（P）作为灰水足迹的衡量指标（程存旺等，2010），此种情况下 α 为 N 或 P 的淋失率。

以上模型简单易用，可以满足初步粗略计算的目的。在面源污染数据不充分的条件下，可以采用此种方法估算面源污染的灰水足迹。

工业和生活部门在用水过程中会产生大量的点源污染。点源污染是指污染物由可确认的地点（如工厂和废水处理厂的排水管线、下水道、排水沟等）流入水体中，并引起受纳水体的富营养化或其他形式的污染。工业和生活部门的灰水足迹采用通用式（2.6）进行计算。污水中通常包含多种形式的污染物，灰水足迹由最关键的污染物决定。所谓最关键污染物就是造成灰水足迹最大的污染物。对于工业和生活部门，化学需氧量（Chemical Oxygen Demand，COD）、氨氮（NH3-H）等是排放污水中含量最大的污染物，因此常采用 COD、氨氮等作为指标评价工业和生活部门的灰水足迹。

本研究以农业、工业和生活部门产生的灰水足迹为基础，核算了不同地区的灰水足迹。核算过程中，由于每个部门选取的污染指标数量和种类不同，且水体能够同时稀释不同的污染物，因此定义具有最大灰水足迹值的指标为该部门的污染指标，其灰水足迹值为该部门灰水足迹。地区灰水足迹的核算同部门灰水足迹核算方法类似，在确定各部门的灰水足迹和污染指标之后，将具有相同污染指标的部门灰水足迹值相加，选取较大的灰水足迹作为该地区总灰水足迹。

北京市灰水足迹核算中，农业部门以 N 为污染指标，工业和生活部门以 COD 为污染指标；黑河流域的灰水足迹核算中，农业部门以 N 和 P 为污染指标，工业和生活部门以 COD 和 NH3-N 为污染指标；全国主要流域和省市的三各部门均以 NH3-N、COD、TN（总氮）和 TP（总磷）为污染指标。

2.2.7.3　基于水足迹的水资源短缺评价方法

水资源短缺指标（I）是描述特定时期特定地区，结合水质水量综合评价水资源短缺程度的指标，定义为水量型缺水指标（I_{blue}）和水质型缺水指标（I_{grey}）之和。

$$I = I_{blue} + I_{grey} \tag{2-27}$$

式中，I_{blue} 是量化水量型缺水的指标，定义为特定时期特定地区的用水量（地表水和地下水用水量，W，$m^3 \cdot a^{-1}$）与淡水资源量（Q，$m^3 \cdot a^{-1}$）的比值，该指标同 Alcamo 等（2000）提出的紧迫系数法相似。I_{blue} 的阈值选取 0.4，即当一个地区 I_{blue} 值高于 0.4 时，表明此地区水量型缺水状况已十分严重（Vörösmarty et al.，2000；Alcamo et al.，2003；Falkenmark and Rockström，2006；Oki and Kanae，2006）。一般来说，由于自然径流的80%都需要用来维持环境流的健康（Hoekstra et al.，2011），因此实际上，当 I_{blue} 值高于0.2 时，表明当地已经面临水量型缺水问题。

$$I_{blue} = W/Q \tag{2-28}$$

I_{grey} 是量化水质性缺水的指标，定义为特定时期特定地区的灰水足迹（WF_{grey}，$m^3 \cdot a^{-1}$）与淡水资源（Q，$m^3 \cdot a^{-1}$）的比值。如果 I_{grey} 低于 1，表明以当地的水质标准为基础，实际可利用淡水量能够稀释现有污染；反之，表明实际可利用的淡水量不能完全稀释当地污染，因此，I_{grey} 的阈值定义为 1。

$$I_{grey} = WF_{grey}/Q \tag{2-29}$$

2.2.7.4　黑河流域的水资源短缺评价方法

黑河流域的研究主要采用 2.2.7.3 节所示方法对当地水资源短缺状况进行了分析，同时，也对黑河流域的蓝水足迹进行了可持续评价。

　　蓝水可持续指标通过比较流域范围内的蓝水足迹和蓝水可利用量获得。当蓝水足迹超过蓝水可利用量时，就需要对该区域的可持续性进行关注（Hoekstra and Mekonnen，2012）。当可持续指标<100%时，表明蓝水可持续；当可持续指标>100%时，表明蓝水不可持续，可持续指标越高，蓝水不可持续性越强。蓝水可利用量（WA_{blue}）的计算如下：

$$WA_{blue} = BWR - EFR \qquad (2-30)$$

式中，BWR 为自然情况下的蓝水资源量，即自然径流，其值与地表水和地下水之和相等；EFR 为环境流。

　　黑河流域横跨中国 3 个省，15 个市县。由于缺乏蒙古的数据，加之黑河流域处于这一国家范围内的自然状况主要为沙漠，人类活动开展较少，忽略该区域并不会对黑河流域整体的水足迹评价带来很大的影响，因此本研究仅考虑中国范围内的黑河流域。因为无法直接获得流域范围内的数据，采用行政区域内统计数据与空间数据相结合的方式获得需要的各项流域尺度的数据。

　　计算黑河流域蓝绿水足迹时，需要流域内农作物和牲畜产品产量数据，而统计数据仅提供了 2004～2006 年 15 个市县的作物收获面积和产量，没有流域尺度的数据信息。结合这些统计信息，以及 Frankfurt 大学 MIRCA2000 数据库获得的精度为 5 弧分的作物分布图，可计算某一作物在黑河流域涉及的行政区域内的种植面积比例（包括雨养面积和灌溉面积），进而算出黑河流域内某种作物的总种植面积。由此，即可获得流域尺度的各类作物种植面积数据。流域尺度的各类作物产量数据采用相同方法获得。表 2.1 中是黑河流域内各类作物的收获面积以及产量。

表 2.1　黑河流域年均作物收获面积和产量（2004～2006 年）

作物类型	代表作物	收获面积/1000 hm²[①]	产量/1000 t
小麦	小麦	53	322
玉米	玉米	30	239
其他谷类作物	大麦	50	352
大豆	大豆	3	21
薯类作物	土豆	11	87
油料作物	油菜籽	18	47
糖料作物	甜菜	8	190
棉花	棉花	21	46
苹果	苹果	5	27
其他水果	梨	45	229
蔬菜	西红柿	27	740
其他作物	—	—	366

① 1hm²=10⁴m²。

　　研究共选择了黑河流域 12 种典型的作物类型进行计算和评价。每一类作物都具有其代表作物（表 2.1）。作物类型主要包括谷类作物（小麦、玉米及其他谷类作物）、大豆、薯类作物（土豆）、油料作物（油菜籽）、糖类作物（甜菜）、棉花、水果（苹果及其他水果）、蔬菜（西红柿）及其他作物。通过计算可知，前 11 类农作物共占据黑河总作物产量的 86%，其他作物占 14%。

　　牲畜产品（肉类）产量的计算主要通过某一类牲畜的数量乘以每头牲畜的平均肉产量而获得。牛肉、羊肉、猪肉及家禽肉是黑河流域的四类主要牲畜产品类型，该研究仅计算和评价了四类牲畜产品。每类牲畜的密度数据来自联合国粮农组织（FAO）的动物产量和健康分布数据库（FAO，2005）。该数据库提供了空间精度为 3 弧分的 2005 年牲畜密度的空间信息。黑河流域内某一牲畜的总数量由空间分布图中流域内所有栅格的此类牲畜数量相加获得。

　　在进行黑河流域作物产品的蓝绿水足迹核算时，应用 CROPWAT 模型（Allen et al.，1998；FAO，2010）模拟作物虚拟水含量所需的相关数据。CROPWAT 模型需要气候、作物和土壤的相关数据进行作物的蒸发和灌溉模拟。气候数据包括温度、降水、湿度、光照、辐射和风速。气候数据来自 New LocClim 数据库（FAO，2005），该数据库可提供 30 年的平均月气象数据（1961~1990 年）。本研究基于黑河流域内的三个气象站点（坐标分别为 98.3°E，38.4°N；99.4°E，39.1°N；100.6°E，38.4°N）的数据进行模拟，站点位置请参见第 4 章。作物参数如作物系数、根深、作物的生长阶段、种植和收获日期等来自 Allen 等（1998）的研究。土壤参数包括土壤有效含水量、不同土壤类型的最大入渗速率、最大根深、初始土壤含水量。黑河流域的土壤有效含水量数据来自 FAO 的全球土壤属性图（FAO, 2010），最大入渗速率采用黑河主要土壤类型砂土和壤土的数据。由于缺少流域内作物生长季节的最大根深及初始土壤含水量的相关信息，计算时参数选择 CROPWAT 模型中的默认值（FAO，2010）。

　　黑河流域的用水总量约 34.33 亿 $m^3 \cdot a^{-1}$（肖洪浪、陈国栋，2006），其中生活用水量为 $44.20 \times 10^6 \, m^3 \cdot a^{-1}$，工业用水量为 $95.20 \times 10^6 \, m^3 \cdot a^{-1}$（Chen et al.，2005），生活部门的水消耗率为 67%，工业部门的水消耗率为 36%。黑河流域蓝水可持续评价所需的黑河流域年均径流和月径流数据来自 Zang 等（2012）学者的研究，他们采用土壤和水评价模型——SWAT 模型，对黑河流域自然状况下的地表水和地下水进行了模拟。环境流是自然径流的一部分，采用 Hoekstra 等（2011，2012b）建议的全球平均水平 80% 作为环境流与自然径流的比例。

　　在进行黑河流域相关部门的灰水足迹核算时，需要流域内各部门的排污数据（即农业氮肥和磷肥的施用量、工业和生活部门的 COD 和 $NH_3\text{-}N$ 的排污量）以及各污染指标的最大容许浓度和自然浓度。由于无法直接获得流域内各部门的排污数据，所需数据均由相关省市 2004~2006 年的统计数据和空间数据计算所得。由甘肃、青海和内蒙古的统计年鉴可获得黑河流域相关 3 省 15 个市县的农作物播种面积，通过黑河流域的空间分布图，得到流域内各省占据的农作物播种面积。之后将各省的氮肥和磷肥的施用量按照播种面积比例分配至黑河流域内，获得黑河流域的氮肥和磷肥施用量。由于黑河流域中涉及青海省的县市主要为山地地区，涉及内蒙古自治区的县市主要为荒漠地区，人口相对较少，工业和生活排污不明显，流域内工业和生活排污主要集中在甘肃境内，因此研究中根据黑河流域和甘肃省的人口比例，将甘肃省的工业和生活部门的 COD 和 $NH_3\text{-}N$ 的排污量分配至黑河流域内，获得黑河流域内工业和生活部门的排污数据。根据《地表水环境质量标准基本项目标准限值》中 III 类水质标准，污染指标 COD 和 $NH_3\text{-}N$ 的最大容许浓度分别为 20 mg·L^{-1} 和 1 mg·L^{-1}，N 元素和 P 元素为 10 mg·L^{-1} 和 2 mg·L^{-1}，四种污染指标的自然浓度均假设为 0（Hoekstra et al.，2011）。由于缺少黑河流域内 N 元素和 P 元素的淋失率数据，选取全球平均水平 10% 和 2% 作为当地淋失率（Hoekstra et al.，2011）。

第3章 自然条件下黑河流域蓝绿水的时空动态分布格局研究

3.1 研 究 背 景

随着社会经济的发展，人类社会对水资源的需求量变得越来越大。这通常会导致人类和生态系统争水问题突出，这将直接影响到生态系统的稳定和健康（Falkenmark, 2003）。从长远来看，对生态系统缺乏足够的水资源供给不仅会影响到生态系统服务功能的发展，更会导致生态系统的退化，进而影响到人和自然的和谐发展（Falkenmark，2003）。尤其是在干旱、半干旱地区，人类社会和生态系统争水的现象时常发生。因此，全面的评估自然条件下水资源在空间和时间的分布，是深化理解水资源可再生禀赋，以及实现可持续高效利用有限的水资源和加强水资源管理的非常重要的途径。

在制定水资源管理时，考虑流域在自然状态下的环境容量是很必要的。尤其是在数据缺乏的地区和流域，水文流量在受到人类活动的影响时往往不能反映其在自然条件下的特征。目前很多研究注重人类活动对某一流域水文的影响，往往忽略对自然条件下流域本来特征的研究（Zang et al., 2012）。使用模型工具模拟自然条件下流域的特征，可以帮助研究人员和政策制定者更好地了解一个流域的自然状态，从而帮助其作出更加合理客观的决策。因此，本研究的主要目的是为黑河流域自然状况下的水资源评价建了一个基准，进而定量评价自然状况下黑河流域蓝绿水的时空动态分布格局。同时，本研究注重对整个黑河流域的研究，并考虑流域内的时空分布特征，从而让决策者们对整个流域的水资源状况有更多的了解。本研究可以为摸清黑河流域水资源禀赋，更加科学合理的管理中国西北内陆河流域的水资源提供理论参考和指导。

3.2 研 究 方 法

本研究使用本分布式水文模型 SWAT-2005 模型进行模拟，根据流域的地形、土地和土壤状况，将流域分为 34 个子流域，311 个水文响应单元。本研究采用模型自带的敏感性分析模块进行参数对径流模拟的敏感性分析。在莺落峡和扎木什克水文站首先对 SWAT 模型径流最为敏感的 22 个参数进行敏感性分析。在此基础上，考虑到模型的率定应基于实际物理过程，最终确定了以下 14 个参数进行率定（表 3.1）。选取这两个站点的原因一方面是因为这两个站点都处于上游人类活动较少的地区；另一方面这两个站点共控制了黑河流域 85%以上的径流。我们采用这两个站点的月径流数据来进行率定，模型的模拟时间是 1977~2004 年，前两年作为模型的预热期。模型的率定时间是 1979 年到 1987 年，验证时间是 1989 年到 2004 年。模型的率定和验证使用 SWAT-CUP

（Abbaspour et al.，2007）进行，方法主要选用 SUFI-2（Schuol et al.，2008）来进行参数率定。该方法在一定程度上考虑了参数的不确定性，能够给出在 95%置信区间下的最优参数值以及最优参数区间（Abbaspour et al.，2007）。在考虑 95%置信区间的不确定性的条件下（95PPU），我们选取了两种不同的指标来进行评价：P 因子（Factor）和 R 因子（Factor）。P 因子的最大值为 100%，表明所有的实测值都处于 95PPU 区间内。P 因子越大表明率定效果越好。R 因子表示参数取值的区间范围，R 越小表明参数的取值区间越小（Abbaspour et al.，2007）。模型率定和验证指标采用纳什系数和决定系数（Nash and Sutcliffe，1970）。蓝绿水、绿水系数和相对变化率的计算详见 2.2.7 节。

表 3.1　灵敏度最高的参数和其最优区间和最优值

参数	描述（单位）	最优区间	最优值
r__CN2	径流曲线数	0.47～0.59	0.51
v__ALPHA_BF	基流 alpha 因子（d）	0.92～0.99	0.94
v__GW_DELAY	地下水滞后时间（d）	462～473	467
v__GWQMN	流域水深度在浅层含水层流的阈值（mm）	0.72～0.85	0.77
v__GW_REVAP	地下水蒸散系数	0.094～0.11	0.098
v__ESCO	土壤蒸发补偿系数	0.78～0.80	0.79
v__CH_K2	通道有效水力传导系数（mm·a^{-1}）	23～29	27
r__SOL_AWC（1）	土壤层有效含水容量（mm H_2O/mm soil）	0.11～0.18	0.14
r__SOL_K（1）	土壤饱和水力传导度（mm·a^{-1}）	0.22～0.23	0.23
v__SFTMP	降雪温度（℃）	−1.87～1.41	0.79
v__SURLAG	地表径流滞后时间（d）	4.18～5.19	4.68
v__SMFMX	6 月 21 日融雪因子（mm H_2O/℃day）	5.85～6.27	6.02
v__SMFMN	12 月 21 日融雪因子（mm H_2O/℃day）	3.05～3.51	3.25
v__TIMP	雪盖温度滞后因子	0.38～0.622	0.49

3.3　自然条件下的蓝绿水时空分布格局

3.3.1　模型的率定和验证结果

在本研究中，SWAT 模型的模拟在上游两个水文站点（莺落峡和扎木什克）的率定和验证都取得了满意的结果。莺落峡和扎木什克率定期的 E_{ns} 分别达到 0.87 和 0.88，两个站点验证期 E_{ns} 分别达到了 0.92 和 0.88；同时，莺落峡和扎木什克率定期 R^2 分别达到了 0.90 和 0.91，而验证期的 R^2 分别达到了 0.93 和 0.91（图 3.1）。同时，模型模拟的模拟值和用于率定的实测值之间的吻合程度非常高。其中包括很多细微的地方，模拟值和观测值保持了高度的一致性（图 3.1）。这说明本研究模型的模拟工作完成出色。这为下一步基于本模拟结果的蓝绿水计算，对其结果的可靠性提供支持和依据。但是，在模型的率定和验证中，也有一些难以克服的挑战，如用于率定和验证的实测数据只有产流数据，缺乏实际蒸散发和浅层地下水补给等数据。

3.3.2　黑河流域总的蓝绿水的变化

通过图 3.2 可以看出，黑河流域单位面积上蓝水流（蓝水深度）和绿水流（绿水深度）呈现从上游到下游依次递减的趋势。这是由黑河流域的降水呈现从上游到下游逐渐递减和上游有部分径流来源于冰雪融水所引起的（王录仓、张晓玉，2010）。黑河流域在 2000~2004 年，除掉没有数据的部分，其总的蓝绿水总量为 220 亿~255 亿 m^3（图 3.3）。同时，从图 3.2 可以看出，上游的子流域蓝绿水总量较大，这主要是由于上游地区较大的降水量和部分冰雪融水造成的（李占玲，2009），在下游的子流域蓝绿水总量较大是

由于子流域面积较大导致的。因为 SWAT 模型是基于 DEM 等因素生成子流域的，所以容易在下游地势平坦地区生成面积较大的子流域。同时，从时间上看， 20 世纪 80~90 年代蓝绿水总量的在黑河上游和中游都出现减少的趋势，但在下游的子流域出现增加。但是，从 20 世纪 90 年代至 21 世纪初，蓝绿水总量呈现相反的变化趋势，蓝绿水总量在上游和中游出现增加的趋势，但是下游出现减少的趋势（图 3.2）。这是由于降水和温度在上中游出现波动所引起的（王录仓、张晓玉，2010）。在下游地区，日照时间和温度的变化，是导致下游蓝绿水流变化的主要原因（刘艳艳等，2009）。这是由于下游温度的变化会导致蒸散发的变化，进而影响下游总的蓝绿水的变化（程玉菲等，2007）。因此，气候的波动是导致黑河流域总的蓝绿水流在不同时期和不同区域呈现变化的主要原因。但从全流域蓝绿水总量近 30 年的变化来看，蓝绿水流总量在近年来没有显著变化，近 30 多年间仅仅增加了 1.1%~1.4%。

3.3.3　黑河流域上中下游蓝绿水动态

通过图 3.4 可以发现，黑河流域蓝绿水深度都有从上游到下游逐渐递减的变化趋势。总体来说，单位面积上蓝水流高的子流域绿水流也高（Schuol et al.，2008）。20 世纪 80 年代至 2000 年，全流域蓝水流呈现先减少，再增加的趋势。但在下游地区，从 20 世纪 80 年代至 2000 年，蓝水流出现先增加再减少的趋势（图 3.2）。单位面积上蓝绿水流的时空分布主要是受到降水从上游到下游逐渐递减的影响，同时土地利用类型的不同也起着非常重要的作用。

总体来说，黑河流域蓝水流呈现上游高下游低的分布规律（图 3.5）。这主要是由于降水和土地类型的不同分布造成的。在上游地区，降水相对较高，并有一定比例的冰雪融水的汇入，因此上游的蓝水相对较多。在下游地区，降水稀少，而且下游大多数土地类型是戈壁和荒漠，因此径流和蓝水非常少（图 3.5）。从图 3.5 可以看出，从蓝水的相对变化率来看，蓝水从 20 世纪 80 年代至 90 年代，在上游和中游呈现减少的趋势，但在下游呈现增加的趋势。但是，从 20 世纪 90 年代至 2004 年，蓝水呈现上游和中游增加，下游减少的趋势。目前来说，并没有明显的证据说明蓝水的变化是由于气候变化所引起的。所以，我们认为是地区的气候波动造成的蓝水的变化。

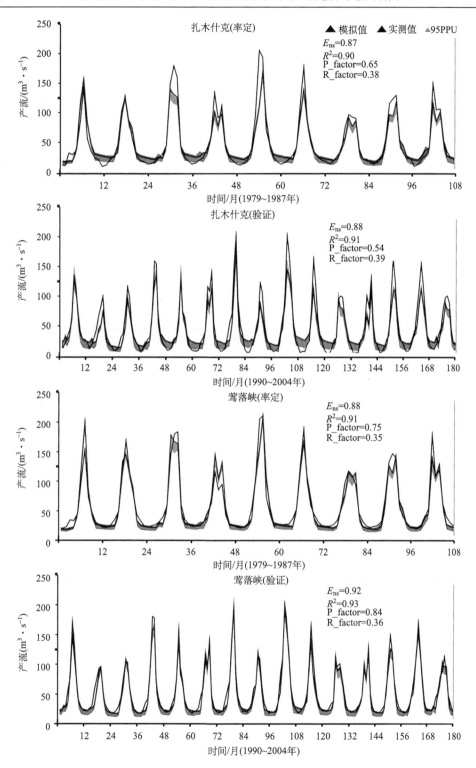

图 3.1 扎木什克和莺落峡率定和验证的结果（置信区间为 95%）

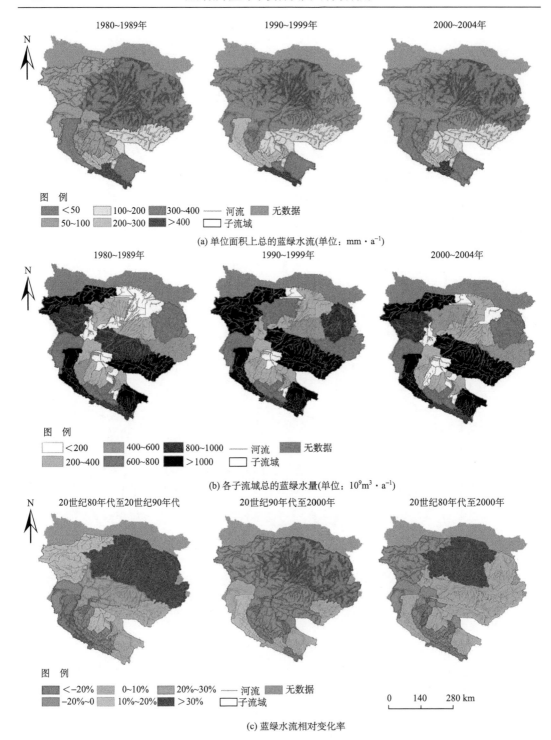

(a) 单位面积上总的蓝绿水流(单位：mm·a⁻¹)

(b) 各子流域总的蓝绿水量(单位：10⁹m³·a⁻¹)

(c) 蓝绿水流相对变化率

图 3.2　黑河流域蓝绿水流总量及其相对变化率

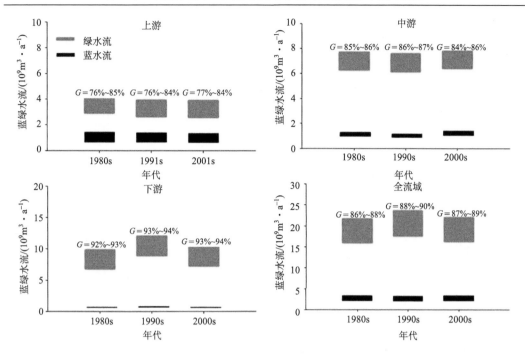

图 3.3　1980～2004 年黑河流域及其上中下游总的蓝绿水流和绿水系数

G 是绿水系数；1980s 表示 20 世纪 80 年代，以此类推

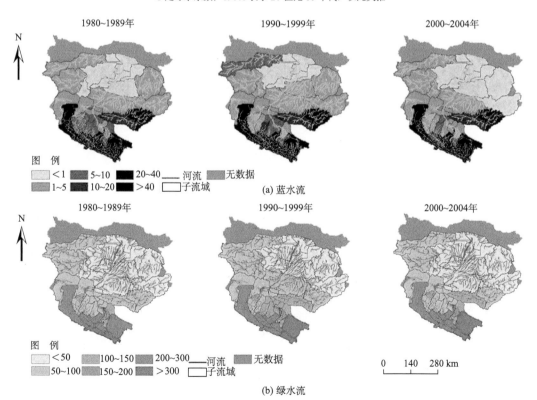

图 3.4　1980～2004 年黑河流域的蓝绿水深度（单位：mm·a⁻¹）

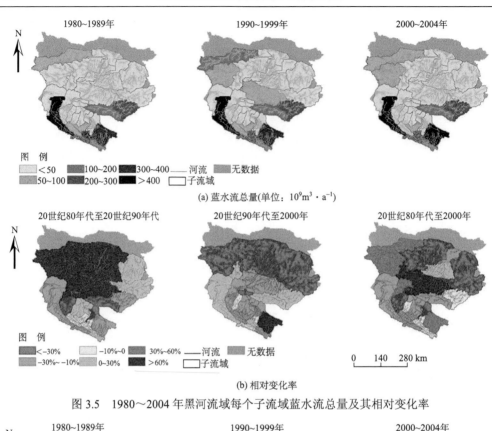

(a) 蓝水流总量(单位：$10^9 m^3 \cdot a^{-1}$)

(b) 相对变化率

图 3.5　1980～2004 年黑河流域每个子流域蓝水流总量及其相对变化率

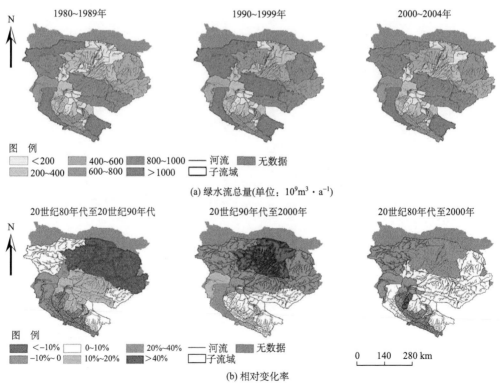

(a) 绿水流总量(单位：$10^9 m^3 \cdot a^{-1}$)

(b) 相对变化率

图 3.6　1980～2004 年黑河流域各个子流域绿水流总量及其相对变化率

从图 3.6 可以看出，黑河流域绿水在各个子流域的分布较蓝水来说更加均匀。但单位面积上的绿水流仍然呈现从上游到下游逐渐递减的趋势（图 3.4）。同时，在中游地区，绿水流的总量和金晓媚等（2009）的研究结果比较接近，他们的研究结果表明，张掖地区在 20 世纪 80 年代至 2000 年总的实际蒸散量是 2.38 亿～3.55 亿 m^3，而我们的研究结果在这一时期的实际蒸散量是 2.00 亿～4.00 亿 m^3。这表明，我们尽管没有实际蒸散发的实测值来进行模型的率定和验证，但是研究结果是可信的。同时，我们的研究结果也和程玉菲等（2007）的结果相近。与蓝水流不同的是，绿水流从 20 世纪 80 年代至 2000 年呈现先减少后增加的趋势（图 3.6）。从 20 世纪 80 年代至 2000 年，绿水流则呈现逐渐增加的趋势，特别是在下游地区，绿水流的增加趋势明显。从全流域蓝水流和绿水流的比较来看，蓝水流明显低于绿水流。尤其是在下游地区的绿水流，这一趋势更为明显。从 20 世纪 80 年代至 2000 年，整个流域的蓝水流总量呈现先减少后增加的趋势。绿水流在 2000 后呈现急剧增加的趋势（图 3.2）。通过图 3.6 可以发现，从变化过程来看，从 20 世纪 80 年代至 2000 年，不论是全流域来看，还是上、中、下游，黑河流域蓝绿水流均呈现先增加后减少的趋势，且上游的蓝绿水总量均大于中下游。

3.3.4 黑河流域绿水系数的时空分布

通过图 3.7 可以发现，黑河流域上游地区绿水系数基本上在 75%～85%，中游绿水系数基本上在 85%～95%，而在下游地区的绿水系数基本上在 95% 以上。同时，黑河流

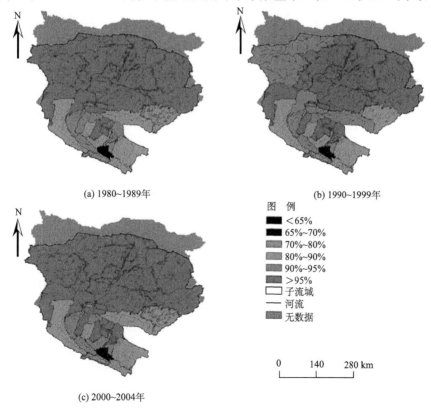

(a) 1980~1989年　　　　　　　　　　(b) 1990~1999年

图　例
- ■ <65%
- ■ 65%~70%
- ■ 70%~80%
- ■ 80%~90%
- ■ 90%~95%
- ■ >95%
- □ 子流域
- — 河流
- ■ 无数据

0　　140　　280 km

(c) 2000~2004年

图 3.7　1980～2004 年黑河流域各个子流域的绿水系数

域绿水系数呈现从上游到下游逐渐增加的趋势。从降水的角度来看，这一方面是由于该流域上游地区降水较为丰富，且上游地区温度较低，造成蒸散发水分所占比例较下游低；另一方面，该流域下游地区降水资源稀少，且温度较高，所以下游地区蒸散发水分所占的比例很高。同时，从土地覆盖来看，黑河流域上游处于高海拔高寒地区，地表大多以高山草甸、针叶林以及冰川覆盖，所以温度和蒸散发的比例相对较低；而在中下游地区，地表多数是以农田、绿洲、荒漠和戈壁覆盖，所以蒸散发所占比例较高。所以，降水和土地覆盖的不同，是造成绿水系数从上游到下游递增的主要原因。从时间来看，从 20 世纪 80 年代至 2000 年，黑河流域绿水系数并无明显变化。

从全流域来看，本研究时间段的绿水系数为：20 世纪 80 年代为 87%～89%；20 世纪 90 年代为 88%～89%；2000 年初为 88%～89%（图 3.3）。通过本研究可以发现，黑河流域的绿水系数明显高于世界很多流域。例如，刚果河的 58% 和伊朗西部流域的 61%（Schuol et al.，2008；Faramarzi et al.，2009）。这主要是由于黑河流域干旱、半干旱的气候类型条件和地处中国西北内陆地理位置造成的。

3.4 讨论与小结

本章研究应用半分布式水文模型（SWAT）进行黑河流域蓝绿水的时空分布格局研究。模型在上游两个水文站点的率定和验证也获得了非常不错的结果，同时，黑河流域的蓝绿水时空分布格局也得到了很好的诠释。通过对黑河流域蓝绿水的时空分布格局以及主要原因的分析，我们得出如下结论：

（1）总体来看，黑河流域蓝绿水深度呈现从上游到下游逐渐递减的分布规律，这主要是由于降水和土地覆盖类型的时空差异造成的。在没有考虑人类活动影响的条件下，黑河流域总的蓝绿水流在 1980～2004 年并没有出现明显的变化。

（2）黑河流域绿水系数达到了 88% 以上，这说明该流域的绝大部分水资源是以绿水的形式存在的。这主要是由黑河流域的降水特征、地形特征以及地理位置造成的。

（3）本研究结果表明黑河流域的蓝绿水在 1980～2004 年间没有发生明显的时空分布变化。造成在这段时间内蓝绿水变化的主要因素是气候波动而不是气候变化。

目前的研究仅仅考虑了自然条件下的蓝绿水时空分布格局，而没有考虑人类活动对该流域蓝绿水时空分布格局的影响。例如，土地利用类型的变化和灌溉的影响等。实际上，在黑河流域中游地区，人类活动对水资源变化的影响是很显著的。因此，目前的研究仅考虑自然条件而没有考虑人类活动的影响，容易造成和实际结果上的一些误差。所以，在考虑人类活动影响的蓝绿水研究是非常必要的，相关研究结果在第 4 章进行论述。

此外，该研究也存在以下缺陷：① 数据的缺乏影响了模型模拟的精度，在黑河流域这样 24 万 km^2 的流域内，仅有 19 个气象站点的数据可以使用。这会直接影响模拟的精度。② 模型的率定和验证仅仅使用了上游两个站点的产流数据进行，由于缺少实际蒸散发和浅层地下水的数据，会对模型的率定和验证造成影响。

本章在流域尺度上很好的诠释了黑河流域蓝绿水的时空分布和 1980～2004 年的变化。本章为全面地了解和认识黑河流域的蓝绿水时空分布及变化，为全面认识黑河流域的水资源状况提供了基础数据。同时，本章研究可以为黑河流域及中国西北干旱半干旱地区内陆河流域的水资源管理提供基础的理论依据和数据支撑。

第4章 人类活动影响下黑河流域蓝绿水的时空动态分布格局

4.1 研究背景

流域水文水资源的变化不仅受到气候变化的影响，同时也会受到人类活动的影响（王浩等，2005）。近年来，气候变化和人类活动影响逐渐成为地区和流域水文水资源演变研究的两大科学热点。气候变化和人类活动对水资源的影响既相互独立，又相互联系。水分的循环系统是气候系统的重要组成部分，而气候变化必然引起流域水资源的时空变化（仕玉治，2011）。同时，人类为满足自身的需求，一方面通过改变土地覆盖类型以及修建大型水利工程等改变流域下垫面，从而破坏了流域内天然的产汇流机制；另一方面通过工业、农业、生活取用水以及跨流域调水等活动影响流域水资源的时空分布格局（仕玉治，2011）。同时，人类活动在利用水资源的过程中，会释放一定量的温室气体，如 CO_2、CH_4 等，这将会加剧全球或者地区气候变暖，进而影响水分循环（张辉，2009）。在气候变化和人类活动的双重影响下，一些地区或者流域的水资源的质、量以及分布格局都发生了变化，从而导致严重的水资源问题，这一问题在干旱、半干旱地区尤为突出（肖生春、肖洪浪，2004）。因此，定量的分析气候变化和人类活动对流域水文水资源变化的影响，对于认识和了解这些地区水资源演变规律以及实现区域水资源可持续利用具有重要的现实意义。

目前，人类活动对水资源的影响研究主要包括以下几个方面：土地利用变化对水资源的影响（Liu X. et al.，2009），水利水电工程和输水工程对水资源的影响（Liu J. et al.，2013）、人类活动的生态水文响应（Siriwarden et al.，2006；Thanapakpwin et al.，2006；王盛萍，2007）等。同时，近年来人类活动对径流的影响越来越受到人们的关注。李新和周宏飞（1998）通过研究发现受到人类活动的影响塔里木河下游径流量出现明显减少；王浩等（2005）通过应用二维水文模型研究发现，黄河流域水资源由于人类活动的强烈干扰已经发生明显减少；任建民等（2007）通过分析石羊河流域地表水和地下水的相互关系，发现由于人类活动的过度开发利用，石羊河下游径流发生了严重的衰竭甚至断流。陈崇希（2000）和方生、陈秀玲（2001）指出，由于地下水的过度开采，已经导致我国部分城镇出现地下水水位下降、地面沉降等一系列环境问题。Martin 和 Williams（2009）通过研究人类水利工程对尼罗河径流的影响发现，水利工作建造导致尼罗河的径流减少了 60%。Wang 等（2003）通过人类活动对河西走廊的水文过程研究发现，由于灌溉等用水因素的增加，使得河西走廊的径流发生严重减少，同时人类的用水也改变了河西走廊原有的水文过程。

　　黑河作为我国第二大内陆河,其水资源分布存在明显的区域和年际年内分配不均(程国栋等,2003)。近年来人类活动的不断增多,进一步加剧了黑河流域水资源分布不均的状况。目前来看,人类活动对黑河流域水资源的影响主要表现在以下几个方面:① 对湖泊、水系的变迁的影响:随着人类活动的不断增加,黑河流域的河流湖泊水系逐渐从自然水系、半自然水系演化为人工水系,地表径流也基本上为人类所控制,天然河道水网已被纵横交错的人工渠系所取代(肖生春等,2004);② 对水资源年际及年内分配的影响:随着人类活动的加剧,黑河流域的出山径流呈现逐年下降的趋势,地下水水位也出现明显的下降,同时下游的额济纳绿洲也出现的明显的退化;③ 对水质的影响:黑河流域随着人口的增长和社会经济的发展,工业废水和城镇生活污水的排放量不断增加,因此造成高强度的点源污染,并在地表地下水转化过程中污染整个水系(肖生春等,2004)。

　　目前来看,加强人类活动影响下黑河流域水资源的定量评价以及时空分布状况研究,可以为全面客观地认识黑河流域的水资源量及其分布格局,为黑河流域的水资源管理和评价提供实际参考。因此,本章拟通过分析气候变化、土地利用变化和灌溉情景下的黑河流域蓝绿水的时空分布格局,定量的评价不同情景下黑河流域的蓝绿水变化规律,为黑河流域水资源的管理提供一些理论支持和参考。

4.2　研究方法

　　本章研究使用 SWAT 模型进行模拟,模型的模拟使用第 3 章已率定和验证的参数。在保证率定和验证子流域出口和位置不变的前提下,对中下游个别子流域进行优化,变为 32 个子流域,309 个水文相应单元。然后根据模拟输出,计算每个水文响应单元的蓝绿水。

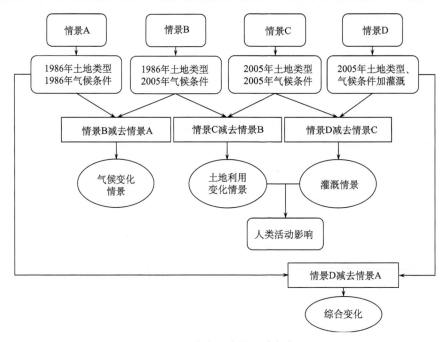

图 4.1　本章研究的基本框架

　　黑河流域在过去 30 多年间,气候变化、土地利用类型的变化和灌溉是影响该流域水资源变化的主要因素(程国栋,2003)。因此,本章研究将从以下四个情景进行(图 4.1):情景 A 采用 1986 年的土地类型和 1986 年的气候条件,故情景 A 也是本章研究的参照情景;情景 B 采用 1986 年的土地类型和 2005 年的气候条件;情景 C 采用 2005 年的土地类型和气候条件;情景 D 采用 2005 年的土地类型、气候条件以及假定所有耕地都进行灌溉(图 4.1)。通过分析以上四个情景下的黑河流域蓝绿水的时空分布变化,分析气候因素、土地利用类型变化因素、灌溉因素以及综合变化条件下的蓝绿水演变规律。同时,为了减小误差,蓝绿水的计算取值采用三年平均值,例如,1986 年的蓝绿水的计算将使用 1985～1987 年的平均值来分析。本研究的具体方案详见图 4.1。

4.3　人类活动对蓝绿水时空分布格局的影响

4.3.1　人类活动影响下黑河流域蓝绿水流的总体变化

　　从图 4.2(a)可以看出,黑河流域蓝绿水总量从情景 A 到情景 D 发生了明显的变化。这些变化主要表现在,蓝绿水总量在下游中部的子流域和上游的东南部子流域出现了超过 30%的增加;而在中游的子流域和下游东南部的子流域出现了减少。从全流域总体来看,黑河流域的蓝绿水总量从情景 A 到情景 D 增加了 6.15 亿 m³(表 4.1)。从情景 A 到情景 D,黑河流域蓝水流并没有明显的变化规律。但其在中游和下游的个别子流域出现了 30%以上的减少[图 4.2(b)]。对于下游的子流域,除了气候变化的因素外,其主要是由下游的额济纳绿洲的灌溉引起的(肖生春等,2011),中游西部的子流域的变化主要是由气候变化造成的(图 4.3),中游中部和东部子的流域的变化是由土地利用类型的改变和灌溉的人类灌溉引起的(张辉,2009)。从情景 A 到情景 D 的总体变化来看,蓝水流增加了 2.86 亿 m³(表 4.1)。从图 4.2(c)可以发现,黑河流域的绿水流从情景 A 到情景 D 的变化主要表现在中游的子流域,绿水流在中游出现了明显减少。这一方面是由气候的变化造成的(主要是降水和温度的变化)(图 4.3),另一方面是由中游城镇居民土地增加的造成的(表 4.2,图 4.4)。通过以上分析可以发现,气候变化使得黑河流域水资源总体变化了 6.15 亿 m³,人类活动(情景 B 加情景 C)改变了 2.72 亿 m³(通过表 4.1 计算)。综合来看,绿水流从情景 A 到情景 D 增加了 3.29 亿 m³(表 4.1)。

表 4.1　不同因素影响下的黑河流域蓝水、绿水和蓝绿水总量的变化　(单位:亿 m³)

水量分类	气候变化	土地利用	灌溉	综合变化
蓝水流	1.46	2.06	−0.66	2.86
绿水流	4.69	−2.06	0.66	3.29
蓝绿水总量	6.15	0	0	6.15

表 4.2　黑河流域从 1986～2005 年的土地类型面积和变化率

土地类型	1986 年面积/km²	2005 年面积/km²	相对变化率/%
高密度森林	1609	1848	15
中密度森林	3738	4187	12
低密度森林	671	683	2
混交林	53	24	−55
高密度草地	4586	4813	5
中密度草地	7329	7402	1
低密度草地	27173	23336	−14
河流	171	136	−20
湖泊	352	316	−10
水库	87	67	−23
冰川	184	181	−2
河滩地	785	422	−46
城镇	75	110	47
村庄	324	245	−24
工矿用地	99	120	21
戈壁和沙漠	133540	139158	4
盐碱地	6385	5916	−7
沼泽	680	589	−13
裸地	4094	3829	−6
裸岩	35611	32378	−9
其他类型土地	4408	4811	9
耕地（旱地和山地）	161	137	−15
耕地（水浇地）	5280	6687	27

4.3.2　不同情景下黑河流域蓝水流的变化

从图 4.3 可以看出，黑河流域蓝水流从情景 A 到情景 B（气候变化情景）在中游子流域发生了明显减少，个别子流域相对变化率达到 30% 以上。从全流域来看，蓝水流从情景 A 到情景 B 增加了 1.46 亿 m³（表 4.1）。降水在中游西部地区的减少引起的（图 4.3），造成了这些子流域的蓝水流的减少。与气候变化情景不同的是，蓝水流从情景 B 到情景 C（土地利用变化情景）在中游的子流域增加明显，个别子流域达到了 50% 以上（图 4.5），这主要是由城镇用地的增加引起的（表 4.2）。由于在黑河中游城镇和居民点增加明显（图 4.4），城镇的扩张建设会造成地面的硬化，会引起地表径流的增加。因此，在中游这些子流域蓝水流会明显增加。在加入灌溉情景条件下（情景 C 到情景 D），蓝水流在中游的大多数子流域发生减少（图 4.5），这主要是由这些子流域有大面积灌区的分布引起的（图 4.4），因为灌溉会发生从河道或者浅层地下水取水，因此会造成蓝水的减少。

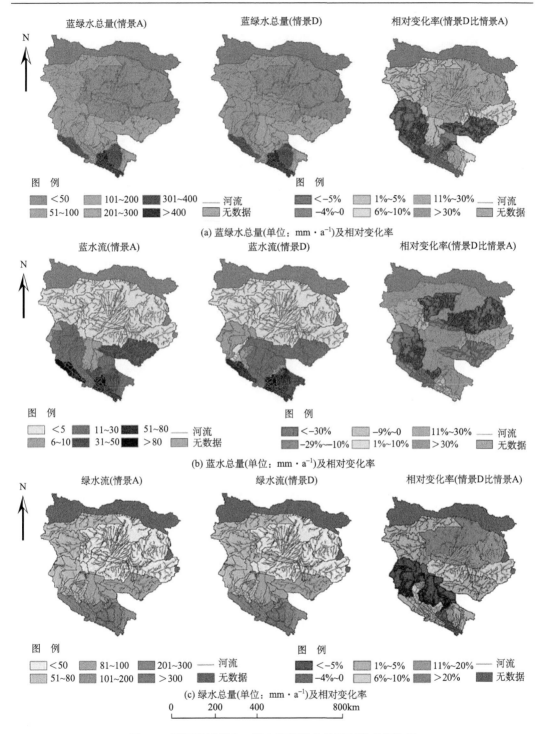

图 4.2　黑河流域蓝水、绿水和蓝绿水总量和相对变化率

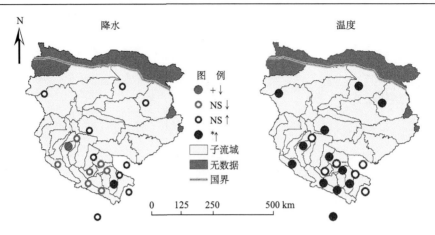

图 4.3　黑河流域在 1980～2005 年间的降水和温度的变化

S. M-K 检验显著；NS. M-K 检验不显著；↑.M-K 检验增加；↓. 减少； + 在 $\alpha = 0.10$ 水平上显著；

★在 $\alpha = 0.05$ 水平上显著

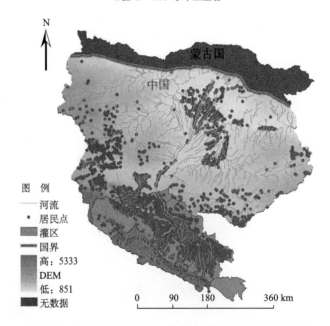

图 4.4　黑河流域在 2000～2005 年灌区和居民点的分布

4.3.3　不同情景下黑河流域绿水流及绿水系数的变化

通过分析气候变化情景（从情景 A 到情景 B）下黑河流域绿水流发现，绿水流在中游西部的子流域发生明显减少，而在下游北部的子流域出现明显的增加（图 4.6）。这主要是由降水和温度的变化所引起的，在中游的西部地区子流域降水从 1980～2005 年发生减少，导致这一地区的绿水流增加（图 4.3）。同时，降水和温度在下游北部的增加，也导致了这一地区绿水流的减少（图 4.3）。从土地利用类型变化情景（从情景 B 到情景 C）来看，黑河流域绿水总体呈现减少的趋势，尤其是在中游中东部的一些子流域减少较为

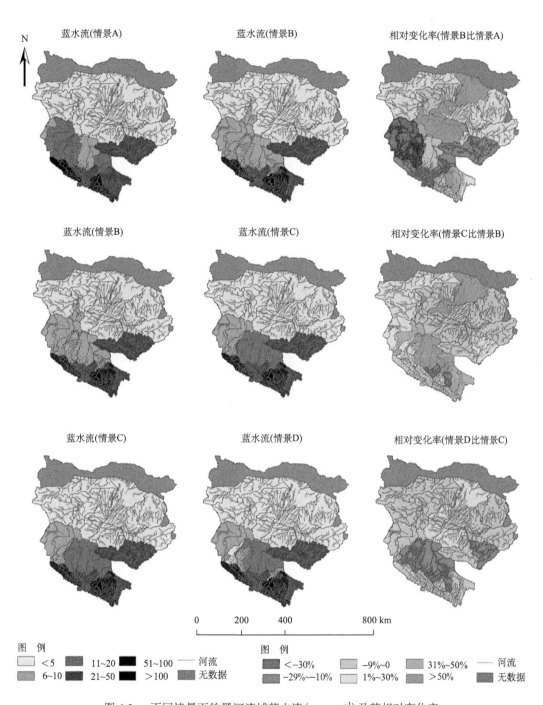

图 4.5　不同情景下的黑河流域蓝水流(mm·a⁻¹)及其相对变化率

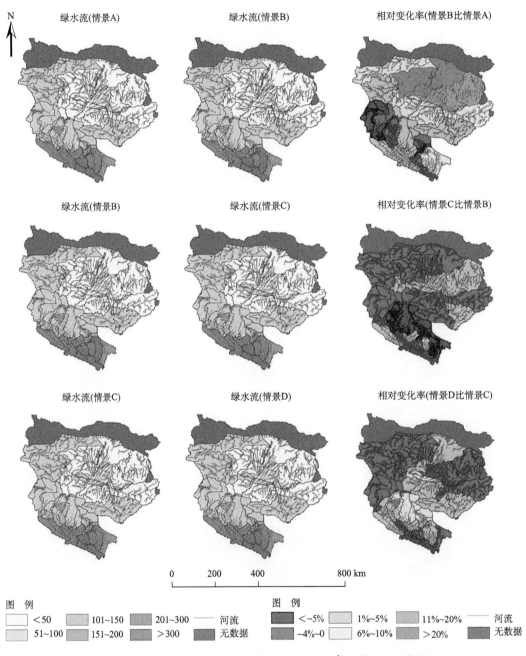

图 4.6　不同情景下的黑河流域绿水流(mm·a^{-1})及其相对变化率

明显（图 4.6）。这主要是由于这一区域在过去 20 多年间城市化进程加快（表 4.2），导致这一区域径流增加且产流时间缩短，从而导致这一区域的蒸散发的减少。从灌溉情景来看（从情景 C 到情景 D），灌溉导致黑河流域中游灌区的绿水流出现增加（图 4.6）。这是由于农田的灌溉增加了蒸散的来源，从而导致该地区的绿水流增加。总体来看，气候变化情景对黑河流域绿水流的影响最大，灌溉对其绿水流的影响较小。

从图 4.7 可以看出，黑河流域气候变化情景下绿水系数的变化主要在下游地区，在下游的西北部地区，绿水系数出现了增加。而在上游和中游地区，绿水系数变化不明显。从土地利用变化情景来看，绿水系数在中游和下游的一些子流域出现了减少的趋势，尤其是在中游的中东部地区（图 4.7），造成这种现象的原因和绿水流的变化原因是一致的，绿水流的减少导致了绿水在蓝绿水总量中的比重减小，所以绿水系数减少。在灌溉情景下，绿水系数出现了较为明显的增加，这一变化主要发生在黑河中游的灌区部分（图 4.4、图 4.7）。

总体来看，三种情景下黑河流域绿水流和绿水系数的变化主要发生在中游地区。在中游的西部地区子流域的变化主要是由气候波动所导致的，在中游的中、东部地区子流域的变化主要是由城市化进程的加快和人类灌溉引水灌溉引起的。总体来看，在过去的 20 多年间，在气候变化的人类活动的双重影响下，黑河流域的蓝水流呈现减少的趋势，而绿水流则呈现增加的趋势。

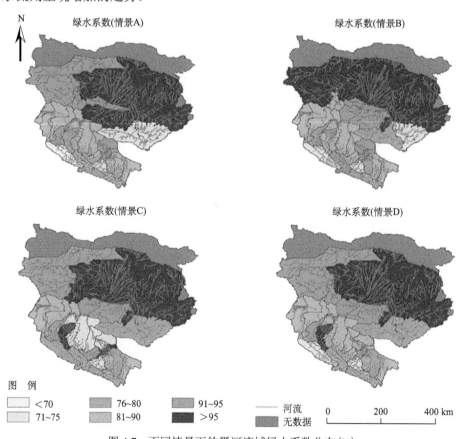

图 4.7　不同情景下的黑河流域绿水系数分布(%)

4.4　讨论与小结

在本章研究中，通过 SWAT 模型模拟不同情景下的黑河流域蓝绿水，我们分析了不同情景下的蓝绿水的时空分布格局及其变化。同时，黑河流域的人类活动影响下的蓝绿水时空分布变化也得到了很好地诠释。通过上述对气候变化、土地利用和灌溉不同情景下黑河流域蓝绿水变化规律研究发现。由于过去 20 多年间气候的波动，使得蓝水流减少，绿水流增加。从蓝绿水总量来看，过去 20 多年间该流域的水资源量出现了增加，这一结果和 Wu 等（2010）的研究结果相似。同时，土地利用的变化，尤其是城镇用地的增加，会明显的增加这些地区的蓝水流，而减少绿水流。这是因为城镇的建设硬化了地面，使得地面的下渗减少和地面的产流阻力减少，从而造成地表径流增加和产流速率加快（Ren et al.，2002；Hao et al.，2008）。同时，地表径流的增加和径流的加速流失会直接减少地表的蒸散资源和缩短有效的蒸散时间，从而导致实际蒸散发（绿水流）的减少（Wouter et al.，2006；Ma et al.，2008）。总体来看，灌溉对黑河流域蓝绿水的变化影响并不大，只造成了 0.66 亿 m^3 蓝水流或绿水流的变化。同时也可以发现，灌溉会造成蓝水流的减少，而增加绿水流。原因在于在中游地区，灌溉方式主要是引河道的水源灌溉，这会导致河道径流的减少；同时，灌溉会增加水面蒸发的面积和农作物蒸腾的水量（Allen et al.，1990）。

从不同情景下的蓝绿水变化可以看出，在人类活动的影响下，蓝绿水之间存在着一定的转化关系。在固定的气候条件下，土地利用的改变使得蓝水流增加了 2.06 亿 m^3，绿水流减少了 2.06 亿 m^3。灌溉使得蓝水流减少了 0.66 亿 m^3，绿水流增加了 0.66 亿 m^3。通过这个结果可以看出，在水资源量固定不变的情况下，蓝绿水在人类活动的影响下会出现一定的转换。在蓝水向绿水转换的过程大体如下：降水→蓝水流→水面和植物蒸腾形成绿水流；而绿水流向蓝水流的转换过程大体如下：降水→绿水流→大气凝结再次形成降水→蓝水流。从这两个过程可以看出，蓝水流向绿水流的转换过程更为直接，而绿水流向蓝水流的转换需要经过二次降水来完成。本书只是简单的列出了蓝绿水转换的过程，但是蓝绿水的具体转换的详细过程和机理尚不明确，所以加强蓝绿水的转换的研究，可以有效地提高干旱半干旱地区水资源的利用效率。

通过对人类活动影响下黑河流域蓝绿水的时空分布格局变化以及主要原因的分析，我们得出如下结论：

（1）黑河流域绿水流在综合情景下的变化，主要表现在中游的子流域出现明显的减少。从综合情景来看，黑河流域蓝水流并没有明显的变化规律。但在气候波动和人类活动的双重影响下，黑河流域蓝绿水总量在下游中部的子流域和上游的东南部子流域出现明显的增加；而在中游西部的子流域和下游东南部的子流域出现减少。

（2）在气候变化情景下，黑河流域蓝水流在中游子流域发生了明显的减少，气候的波动使得黑河流域的蓝水流在过去 20 多年间增加了 2.86 亿 m^3（表 4.1）。在土地利用变化情景下，黑河流域蓝水流在中游的子流域增加明显，这主要是由于该地区城市化的进程加快引起的。在灌溉情景下，灌区的灌溉需要从河道或者浅层地下水大量的取水，会造成蓝水流在中游的子流域减少。

（3）在气候变化情景下，降水和温度在 1980～2005 年发生的变化，导致黑河流域绿水流在中游西部的子流域出现明显的减少，而在下游北部的子流域出现明显增加。在土地利用变化情景下，黑河流域绿水在中游中东部的一些子流域减少较为明显。这主要是由这一区域在过去 20 多年间城市化进程加快导致的。在灌溉情景来下，由于农田的灌溉增加了蒸散的来源，所以导致黑河流域中游中东部灌区的绿水流出现明显增加。

（4）气候变化情景下，黑河流域绿水系数在下游的西北部地区出现增加。而土地利用变化情景下，绿水系数在在中游的中东部地区子流域出现了减少的趋势。在灌溉情景下，绿水系数在黑河中游的灌区部分出现明显增加。

综上所述，本章通过研究气候变化情景、土地利用情景、灌溉情景下的黑河流域蓝绿水的变化，诠释了黑河流域蓝绿水在气候变化和人类活动的双重影响下的变化规律。该研究为全面的认识黑河流域水资源的分布和变化情况提供基础的信息参考，同时也可以为进一步研究和科学的管理该流域的水资源提供必要的参考和理论指导。

第5章　黑河流域蓝绿水在典型年份的时空差异研究

5.1　典型年的确定方法

本研究拟通过分析不同典型年份（干旱年、湿润年、平水年）的黑河流域蓝绿水时空差异特点，为气候变化影响下的蓝绿水时空演变机制研究提供理论参考，以期为我国西北内陆河流域水资源管理提供科学指导。为避免单一指标计算的误差，本研究同时采用标准化降水指数（SPI）和降水距平指数（M）两个指标来确定典型干、湿、平年份。

1）标准化降水指数（SPI）

标准化降水指数是表征某时段降水量出现的概率的指数之一，该指数是由 McKee 等在评估美国科罗拉多干旱状况时提出的（Seiler et al., 2002；付奔、金晨曦, 2012）。该指标具有多时间尺度应用的特性，使得用同一个干旱指标反映不同时间尺度和不同方面的水资源状况成为可能，因而得到广泛应用（袁文平、周广胜, 2004）。由于不同时间、不同地区降水量变化幅度很大，直接采用降水量很难在不同时空尺度上相互比较，而且降水分布是一种偏态分布，不是正态分布，所以在降水分析中采用 Γ 分布概率来描述降水量的变化，然后再经正态标准化求得 SPI 值。

假设某一时段的降水量为 x，则其 Γ 分布的概率密度函数为

$$f(x) = \frac{1}{\beta^{\alpha}\Gamma(\alpha)} x^{\alpha-1}\mathrm{e}^{-x/\beta} \quad (x > 0) \tag{5-1}$$

$$\Gamma(\alpha) = \int_{0}^{\infty} x^{\alpha-1}\mathrm{e}^{-x}dx \tag{5-2}$$

式中，α 为形状参数；β 为尺度参数；x 为降水量；$\Gamma(\alpha)$ 是 gamma 函数。最佳的 α、β 估计值可采用极大似然估计方法求得

$$\hat{\alpha} = \frac{1+\sqrt{1+4A/3}}{4A} \tag{5-3}$$

$$\hat{\beta} = \frac{\bar{x}}{\hat{\alpha}} \tag{5-4}$$

$$A = \ln(\bar{x}) - \frac{\sum_{i=1}^{n}(x)}{n} \tag{5-5}$$

式中，n 为计算序列的长度。于是，给定时间尺度的累积概率可如下求得

$$g(x) = \int_{0}^{x} f(x)\,\mathrm{d}x = \frac{1}{\hat{\beta}^{\alpha}\Gamma(\hat{\alpha})}\int_{0}^{x} x^{\alpha-1}\mathrm{e}^{-x/\beta}\,\mathrm{d}x \tag{5-6}$$

令 $t = x/\hat{\beta}$，上式可求解为不完全的 gamma 方程：

$$g(x) = \frac{1}{\Gamma(\hat{\alpha})} \int_0^x t^{\hat{\alpha}-1} \mathrm{e}^{-t} \, \mathrm{d}t \tag{5-7}$$

由于 gamma 方程中不存在 x 为 0 的情况，而现实中降水量会为 0。所以累计概率可表示为

$$H(x) = q + (1-q)g(x) \tag{5-8}$$

式中，q 是降水量为 0 的概率，如果 m 表示降水时间序列中降水量为 0 的数量，则 $q = m/n$。累积概率 $H(x)$ 可通过下式转换为标准正态分布函数：

当 $0 < H(x) \leqslant 0.5$ 时：

$$SPI = -\left(t - \frac{c_0 + c_1 t + c_2 t^2}{1 + d_1 t + d_2 t^2 + d_3 t^3}\right) \tag{5-9}$$

$$t = \sqrt{\ln \frac{1}{H^2(x)}} \tag{5-10}$$

当 $0.5 < H(x) < 1$ 时：

$$SPI = \left(t - \frac{c_0 + c_1 t + c_2 t^2}{1 + d_1 t + d_2 t^2 + d_3 t^3}\right) \tag{5-11}$$

$$t = \sqrt{\ln \frac{1}{[1 - H(x)]^2}} \tag{5-12}$$

式中，$c_0 = 2.515517$；$c_1 = 0.802853$；$c_2 = 0.010328$；$d_1 = 1.432788$；$d_2 = 0.189269$；$d_3 = 0.001308$。根据以上公式，可求得 SPI，其旱涝等级值见表 5.1。

2）降水距平百分率

降水距平百分率（M）反映了某时段降水与同期平均状态的偏离程度，不同地区不同时期有不同的平均降水量，因此，它是一个具有时空对比性的相对指标。在气象部门日常业务中，经常用降水距平百分率作为划分旱涝的指标（鞠笑生、杨贤为，1997）。其计算方法为

$$M = \frac{p - \bar{p}}{\bar{p}} \times 100\% \tag{5-13}$$

式中，p 为某时段降水量，在本章中分别为全流域和上中下游某年降水量。在本章中分别为全流域和上中下游 51 年平均降水量。用降水距平百分率计算的旱涝等级值见表 5.1。

表 5.1　标准降水指数（SPI）和降水距平百分率（M）的旱涝等级

降水距平百分率/%	标准化降水指数	旱涝等级
< -75	< -1.96	极端干旱
$-75 \sim -50$	$-1.96 \sim -1.48$	严重干旱
$-50 \sim -25$	$-1.48 \sim -1.0$	中等干旱
$-5 \sim 25$	$-1.0 \sim 1.0$	正常

续表

降水距平百分率/%	标准化降水指数	旱涝等级
25～50	1.0～1.48	中等湿润
50～75	1.48～1.96	严重湿润
>75	>1.96	极端湿润

资料来源：鞠笑生、杨贤为，1997；袁文平、周广胜，2004。

5.2 数 据 来 源

本章研究使用的数据主要包括降水数据和降水站点分布，来源于国家自然科学基金委员会的黑河重大研究计划的黑河数据研究组，为 1960～2010 年的日降水数据，涉及 19 个站点。使用泰森多边形法计算全流域和上中下游各区域的总体降水量，并使用差值补齐法补全缺测的数据（Sluter，2009）。通过点日降水数据结合站点所代表的泰森多边形区域，计算全流域及上中下游每个月的面降水量，并根据标准化降水指数计算公式，通过编程运行 Excel 的宏来计算得到 SPI。

在本章研究中的蓝绿水数据是第 3 章 SWAT 模型率定的参数进行模拟结果。模拟根据第 4 章将黑河流域划分为 32 个子流域和 309 个水文响应单元。模拟时间为 1958～2010 年，由于前两年作为预热期，故本研究使用数据时间为 1960～2010 年。模型的率定和验证使用纳什系数（E_{ns}）和决定系数（R^2），模型的率定期为 1979～1987 年，模型的验证期为 1990～2004 年。模型的率定和验证选取黑河流域上游的扎木什克和莺落峡进行，模型的率定和验证采用这两个站点实际观测的月径流数据进行。这两个站点控制了黑河流域 85% 以上的径流，故选取这两个站点来进行全流域的率定和验证。通过模型的率定和验证，纳什系数和决定系数分别达到 0.88 和 0.90 以上，说明本研究使用的模型模拟结果高度可靠。本章蓝绿水以及绿水系数计算详见 2.2.7。

5.3 不同典型年份蓝绿水时空时空差异

5.3.1 黑河流域典型干湿年份

通过计算黑河全流域及上中下游的标准降水指数（SPI）和降水距平百分率（M），发现上中下游典型年份并不一致（表 5.2）。如 1965 年在中游极端干旱，但上游和下游却处于正常年份；在 1983 年全流域中等湿润情况下，下游严重干旱；类似情况还有 1970 年和 2009 年（表 5.2）。在 1960～2010 年，黑河流域上中游都属典型干旱的只有 1978 年，都属典型湿润的只有 1998 年。我们选取两项指标都处于正常年的 1984 年作为平水年。同时，由表 5.3 可以发现，干旱年（1978 年）降水量很低，不但显著低于湿润年（1998 年），也明显低于平水年（1984 年）和 51 年的平均值。这说明本研究中 SPI 和 M 值的计算结果是可靠的。因此，本书所选定的典型干、湿、平年份分别为 1978 年、1998 年和 1984 年。

表 5.2　1960～2010 年黑河流域的全流域和上、中、下游干湿年份

年份	全流域			上游			中游			下游		
	SPI	M	等级	SPI	M	等级	SPI	M	等级	SPI	M	等级
1961	-1.77	-56.15	严重干旱	-1.57	-38.30	严重干旱						
1964										1.57	60.26	严重湿润
1965	-1.43	-52.35	严重干旱				-2.07	-76.43	极端干旱			
1970	1.02	36.53	中等干旱				-1.87	51.34	严重干旱			
1972	-1.30	-40.07	中等干旱							-1.49	-60.54	严重干旱
1978	-1.89	-56.53	严重干旱	-1.17	-35.46	中等干旱	-1.50	-43.44	严重干旱	-1.97	-60.54	严重干旱
1979	1.20	29.57	中等湿润				1.97	58.28	严重湿润			
1983	1.43	25.71	中等湿润							-1.77	-71.35	严重干旱
1984	-0.14	-5.62	正常	0.10	5.38	正常	0.34	8.45	正常	-0.45	-21.83	正常
1995										1.77	54.73	严重湿润
1998	2.07	57.81	严重湿润	2.07	58.14	严重湿润	1.50	58.13	严重湿润	1.04	36.53	中等湿润
2003	1.57	51.23	严重湿润	1.77	63.58	严重湿润						
2009										-1.97	-58.07	严重干旱

表 5.3　1960～2010 年黑河流域的全流域和上、中、下游的降水和温度

年份	降水/(mm·a⁻¹)				温度/℃			
	全流域	上游	中游	下游	全流域	上游	中游	下游
1960	161.83	326.34	163.30	37.60	5.26	2.99	6.79	7.85
1961	146.61	273.11	82.70	24.20	5.19	2.70	6.76	8.03
1962	146.44	308.72	65.70	19.00	5.05	2.64	6.65	7.89
1963	165.80	329.13	118.60	24.00	5.52	3.08	6.93	8.22
1964	180.13	351.74	108.60	74.40	5.31	3.02	6.84	7.90
1965	150.02	314.75	58.30	36.50	5.42	2.98	6.87	8.16
1966	152.40	303.47	103.80	35.40	5.42	3.07	6.86	8.02
1967	168.41	366.17	123.90	32.30	4.70	2.61	6.47	7.38
1968	150.19	343.58	133.00	29.50	4.97	2.89	6.66	7.45
1969	172.98	376.81	148.10	83.60	5.25	3.05	6.74	7.71
1970	144.15	226.23	129.40	23.80	5.01	2.73	6.62	7.73
1971	176.68	336.19	99.30	51.30	5.25	2.80	6.70	7.81
1972	160.88	332.87	87.80	14.60	5.32	2.98	6.61	7.79
1973	152.31	318.44	99.90	66.70	5.43	3.02	6.87	8.03
1974	159.40	377.57	124.40	26.80	4.73	2.33	6.13	7.20
1975	173.40	386.78	122.00	43.20	5.08	2.56	6.52	7.81
1976	156.36	384.91	78.60	25.90	4.48	1.98	5.85	7.10

续表

年份	降水/(mm · a⁻¹)				温度/℃			
	全流域	上游	中游	下游	全流域	上游	中游	下游
1977	186.10	336.1	134.20	44.10	4.90	2.12	6.36	7.87
1978	**143.98**	**293.86**	**76.70**	**30.30**	**5.52**	**3.06**	**6.97**	**8.17**
1979	230.29	396.53	184.30	65.80	5.28	2.68	6.57	8.00
1980	170.50	365.35	85.90	25.80	5.30	2.73	6.67	8.07
1981	220.09	452.67	94.20	49.60	5.09	2.77	6.37	7.49
1982	191.53	404.05	139.40	20.00	5.59	2.90	6.98	8.54
1983	225.12	492.74	176.20	10.90	4.98	2.33	6.33	7.94
1984	**179.47**	**356.12**	**125.90**	**36.30**	**4.52**	**2.11**	**5.86**	**6.93**
1985	187.64	372.47	77.70	26.70	5.12	2.74	6.48	7.63
1986	174.30	391.35	77.50	18.60	5.11	2.52	6.54	7.86
1987	197.38	364.2	145.50	15.70	6.05	3.50	7.38	8.82
1988	227.73	490.71	153.30	23.90	5.47	2.99	6.79	8.01
1989	211.72	485.88	103.70	15.10	5.54	2.95	6.89	8.40
1990	186.54	421.58	126.10	51.30	5.92	3.42	7.28	8.75
1991	157.34	349.37	92.10	52.90	5.77	3.22	7.13	8.56
1992	192.31	357.67	139.10	40.90	5.36	2.95	6.72	8.07
1993	231.42	438.43	107.40	52.20	5.32	3.09	6.55	7.84
1994	180.11	421.54	121.60	61.30	6.04	3.57	7.41	8.74
1995	199.04	399.65	123.80	89.50	5.35	2.70	6.67	8.22
1996	202.77	428.49	152.00	24.60	5.34	2.77	6.64	8.02
1997	158.04	368.06	70.50	51.40	6.08	3.61	7.47	8.90
1998	**231.87**	**573.6**	**154.00**	**52.30**	**6.61**	**4.05**	**8.04**	**9.28**
1999	201.59	417.21	120.30	58.00	6.58	4.04	8.02	9.27
2000	193.49	358.32	105.80	29.60	5.86	3.40	7.25	8.58
2001	168.32	350.46	129.70	21.00	6.32	3.93	7.59	9.04
2002	205.39	373.3	131.50	33.10	6.48	3.95	7.80	9.35
2003	220.04	547.14	121.50	37.60	6.02	3.49	7.44	8.61
2004	186.73	349.65	121.00	33.80	6.26	3.73	7.64	9.05
2005	210.71	426.74	133.70	29.30	5.92	3.45	7.10	8.43
2006	191.36	412.76	91.30	31.20	6.11	3.60	7.23	8.51
2007	231.81	382.82	165.20	30.70	6.08	3.56	7.19	8.57
2008	215.73	495.28	139.30	65.20	5.82	3.26	7.00	8.51
2009	217.20	451.65	100.00	10.60	6.15	3.59	7.29	8.57
2010	208.51	331.2	124.20	27.50	6.07	3.61	7.14	8.49
平均值	185.38	382.62	117.49	37.56	5.52	3.05	6.90	8.18

5.3.2　典型年份的蓝绿水深度时空差异

黑河流域内的蓝绿水总深度从空间上呈现从上游到下游递减的格局，蓝绿水总深度（1978 年、1984 年和 1998 年平均值）从上游的 380.46 mm・a^{-1} 递减到中游的 122.25 mm・a^{-1}，再到下游的平均 56.32 mm・a^{-1}（通过表 5.4～表 5.6 计算得到）。从干旱年到湿润年的变化来看，蓝绿水总深度从干旱年（1978 年）到湿润年（1998 年）显著增加[图 5.1（a）]，蓝绿水总深度从干旱年的 150.06 mm・a^{-1} 增加到湿润年的 231.31 mm・a^{-1}（通过表 5.4；5.6 计算得到）。同时，总水深的年份间显著变化主要集中于上游和中游的东南部地区，而下游变化不明显[图 5.1（a）]。

从[图 5.1（b）]可以看出，黑河流域内的蓝水深度呈现从上游到下游递减的趋势。蓝水深度（1978 年、1984 年和 1998 年平均值）从上游的 98.28 mm・a^{-1} 递减到中游的 14.75 mm・a^{-1}，再到下游的 6.62 mm・a^{-1}（通过表 5.4～表 5.6 计算得到）。蓝水干旱年（1978 年）到湿润年（1998 年）显著增加；1978 年和 1998 年的蓝水在上、中、下游都有明显差别，尤其在中游和上游地区，湿润年的蓝水明显增大。在上游地区，蓝水深度从 1978 年的 75.17 mm・a^{-1} 增加到 1998 年的 139.25 mm・a^{-1}（表 5.4）；在中游地区，蓝水深度从 1978 年的 12.04 mm・a^{-1} 增加到 1998 年的 19.39 mm・a^{-1}（表 5.5）；在下游地区，蓝水深度从 1978 年的 1.25 mm・a^{-1} 增加到 1998 年的 9.05 mm・a^{-1}（表 5.4～表 5.6）。黑河流域湿润年（1998 年）的绿水深度比干旱年（1978 年）在上游和中游增加明显，下游局部地区反而减少，但总体来看绿水深度仍然保持从 1978 年到 1998 年增加的趋势。全流域绿水深度从 1978 年的 120.57 mm・a^{-1} 增加到 1998 年的 175.41 mm・a^{-1}（通过表 5.4～表 5.6 计算得到）。同时，全流域的绿水深度从空间上整体仍呈现从上游到下游的递减趋势 [图 5.1（c）]。

表 5.4　黑河上游各个子流域典型年份蓝绿水深度　　（单位：mm・a^{-1}）

子流域代码	1978 年		1984 年		1998 年	
	蓝水	绿水	蓝水	绿水	蓝水	绿水
24	28.95	158.6	75.88	196.02	139.03	256.89
23	48.1	217.67	49.26	213.47	75.23	279.77
31	118.85	225.71	100.59	322.93	209.04	383.97
32	89.16	232.53	91.85	278.33	47.56	354.52
21	114.72	229.84	95.12	327.96	205.63	387.42
22	51.26	280.69	69.84	332.3	159.03	400.51
平均值	75.17	224.17	80.42	278.50	139.25	343.85

表 5.5 黑河中游各个子流域典型年份蓝绿水深度 （单位：mm·a^{-1}）

子流域代码	1978年		1984年		1998年	
	蓝水	绿水	蓝水	绿水	蓝水	绿水
25	4.7	43.56	6.42	58.47	4.57	53.01
13	5.2	56	6.73	58.17	8.22	78.26
11	5.13	43.21	7.04	57.85	5.02	52.49
12	3	72.04	3.89	61.01	5.04	83.45
14	6.35	54.96	7.91	56.99	9.9	76.49
19	7.31	54.03	8.91	56	11.32	74.99
28	7.41	80.7	2.12	64.51	8.77	106.01
18	2.45	21.36	3.46	57.49	13.12	101.42
20	2.45	21.32	3.36	57.55	12.88	101.69
29	7.66	101.16	5.26	98.39	11.5	139.12
26	45.82	199.39	47.58	200.44	83.71	271.25
30	43.46	266.8	44.92	295.03	51.42	344.95
27	15.53	183.45	19.13	178.31	26.64	211.21
平均值	12.04	92.15	12.83	100.02	19.39	130.33

5.3.3 典型年份绿水系数时空差异及蓝绿水总量变化

黑河流域内的绿水系数呈现从上游到下游的递增趋势 [图 5.1（d）]，绿水系数（1978年、1984 年和 1998 年平均值）从上游的 76.85%增加到下游的 91.66%（通过图 5.2计算得到）。同时，全流域绿水系数在不同典型年份有明显差别，典型干旱年为 90.30%，典型湿润年为 85.41%，说明干旱年份蒸散消耗占水资源的比例高于湿润年，且无论上中下游，其湿润年份蓝水占水资源的比例均高于干旱年（图 5.2）。湿润年的绿水系数在流域上、中、下游都比干旱年有不同程度的降低。也就是说，黑河流域的蓝水比例是降雨量较高的上游大于降雨量较低的中游和下游，湿润年大于干旱年。另外，从平水年（1984 年）的绿水系数来看，黑河流域的年可利用水资源量的 88.32%是以绿水形式参与水文循环的。由图 5.2 可以发现，黑河流域的蓝水和绿水的总量在湿润年份（1998 年，252.72 亿 m^3）明显大于干旱年份（1978 年，167.73 亿 m^3）；蓝水也由 1978 年的 16.32 亿 m^3 变为 1998 年的 37.94 亿 m^3。这主要是由干旱年份的降水明显少于湿润年份的降水导致的[图 5.1（e）]。

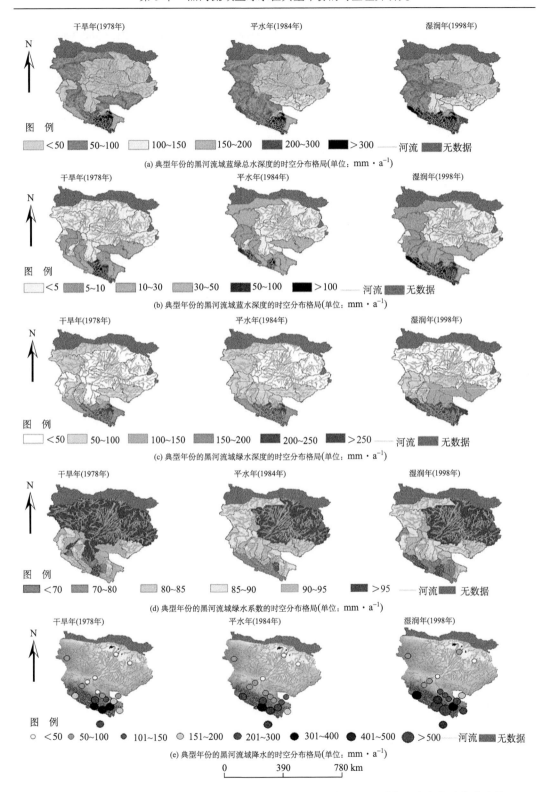

图 5.1　典型年份的黑河流域蓝绿水总深度、蓝水和绿水深度、绿水系数和降水的时空分布格局

表5.6　黑河下游各子流域典型年份蓝绿水深度　（单位：mm·a⁻¹）

子流域代码	1978年		1984年		1998年	
	蓝水	绿水	蓝水	绿水	蓝水	绿水
1	0.94	56.70	12.41	87.58	9.73	44.41
5	0.05	36.07	0.02	24.53	0.01	22.45
2	0.07	35.93	0.03	24.53	0.01	22.26
3	0.97	56.69	12.46	87.34	9.75	44.35
7	0.54	30.08	0.49	26.25	0.79	29.36
4	1.06	29.81	2.46	46.44	4.72	45.97
8	1.05	44.23	2.04	46.22	2.06	48.57
6	0.51	29.93	0.46	26.27	0.75	29.42
17	2.47	45.56	2.98	45.72	3.03	57.21
9	0.10	42.37	0.26	48.55	0.91	51.02
10	0.07	29.14	0.05	28.74	0.09	38.67
16	7.54	78.59	43.21	91.09	40.23	123.73
15	0.94	75.18	47.40	88.34	45.59	119.18
平均值	1.25	45.41	9.56	51.66	9.05	52.05

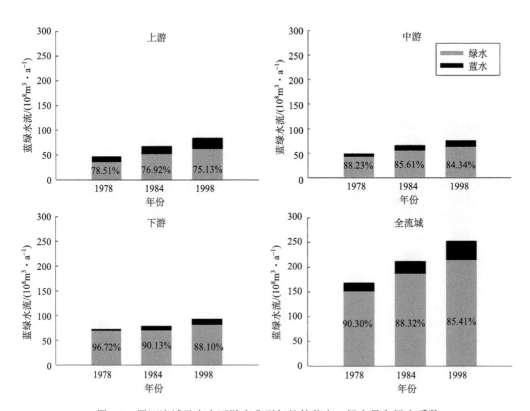

图5.2　黑河流域及上中下游在典型年份的蓝水、绿水量和绿水系数

5.4　讨论与小结

由于黑河流域跨越面积较大，中下游的地形和降水来源和区域气候受影响的大气环流（蓝永超等，2004；贾文雄等，2008；Rudi et al.，2010）存在差别，使得上中下游存的干湿年份不一致。黑河流域的蓝水与绿水的合计深度呈现从上游到下游的递减分布，这主要是由流域降水量的空间分布特点引起的（蓝永超等，2004；贾文雄等，2008）（图5.2）；但在上游和中游有些子流域内水量较大，尤其是流域东南部，这主要是由一些子流域内的冰雪融水量较大和有一些湖泊群的分布引起的（Wu et al.，2010；Zang et al.，2012）。

黑河流域的绿水系数在干旱年份和下游地区较高，而在湿润的年份和上游地区相对较低。黑河流域多年平均绿水系数为 88.04%（Zang et al.，2012）。在本章研究中，平水年份为 88.32%，干旱年份为 90.30%，湿润年份为 85.41%。以平水年的绿水系数为基础来推断，黑河流域的年可利用水资源量的约 88%是以绿水形式参与水文循环的，该结果对于科学认识气候变化背景下蓝绿水资源的演化及合理管理干旱、半干旱地区内陆河流域水资源尤其是绿水资源有着重要的科学意义。

本章通过分析 51 年来黑河流域及上中下游典型年份蓝绿水深度的时空变化、绿水系数时空变化、蓝绿水总量，得出如下结论：①黑河流域蓝绿水总深度呈现从上游到下游逐渐递减的趋势，其中蓝绿水深度从上游的 380.46 mm · a^{-1} 递减到下游的 56.32 mm · a^{-1}，蓝水和绿水深度也有着同样的变化趋势，这与黑河流域上中下游的地理环境是紧密相关的；②黑河流域典型干旱年的蓝绿水都显著低于典型湿润年份，蓝绿水总深度从干旱年的 150.06 mm · a^{-1} 增加到湿润年的 231.31 mm · a^{-1}，这是由黑河流域的降水的变化导致的；③黑河流域内的绿水系数呈现从上游到下游的递增趋势，绿水系数从上游的 76.85%增加到下游的 91.66%。同时，典型干旱年的绿水系数（90.30%）高于典型湿润年的绿水系数（85.41%），所以干旱年份蒸散消耗（绿水）占水资源的比例明显高于湿润年，而湿润年份径流（蓝水）占水资源的比例明显高于干旱年。

尽管本章对不同典型年份蓝绿水的时空分布进行了研究，但对流域的蓝绿水相互转换的机理和规律仍不明确，尚需进一步研究。加强这方面的研究，有助于更加合理有效地预防和治理一些地区在典型年份的旱灾与洪灾。尤其是对西北干旱地区内陆河流域的绿水及其利用的研究，有利于缓解这些地区的水资源短缺危机和生态系统平衡压力。因此，进一步深化干旱区内陆河流域的蓝绿水空间分布格局，探讨蓝水、绿水的转化规律，对解决干旱区关键水循环及生态系统科学问题，探讨流域水资源可持续利用和管理对策，实现流域可持续发展具有重要的理论和现实意义。

第6章　黑河流域蓝绿水历史演变趋势分析

6.1　研究背景

气候变化对水资源利用的可持续发展的影响受到人们越来越多的关注（Vörösmarty et al.，2000；Piao et al.，2010）。随着全球气候的变暖和极端天气事件的发生越来越频繁，水资源的供给在世界很多地区已经受到了严重的威胁（Gerald et al.，2000；Vörösmarty et al.，2000）。全球气候变化已经使得世界很多地区的水资源量出现了减少（Kundzewicz et al.，2008）；尤其是在干旱、半干旱地区，水资源的供给形势变得越来越严峻（程国栋，2003）。这不仅影响到这些地区的农业生产和粮食安全，更会影响到国民经济的发展和生态系统的健康（程国栋等，2003；Piao et al.，2010）。

绿水作为农业生产用水的主导水资源，对于解决干旱半干旱地区的水资源短缺问题至关重要。目前的蓝绿水研究大多集中于理论框架论述、模型模拟和水量评价等（Rost et al.，2008；Schuol et al.；2008；Faramazi et al.，2009；Rockström，2009；Zang et al.，2012），但缺乏对蓝绿水变化趋势，尤其是对绿水变化趋势的研究。

趋势分析是对气候变化下气候因子和水文因子变化趋势诠释的一种很好的方式（Karpouzos and Kavalieratou，2010）。趋势分析不仅包括对过去因素变化的分析，更应包括对未来因素变化的预测。从全球到区域水资源管理角度来看，只有弄清水文因子变化的趋势以及突变的时间，才能搞清突变背后的原因，以便更好地服务于水资源管理（Alley et al.，2003）。更进一步讲，仅仅弄清楚过去的变化趋势是不够的，能够较为准确的预测未来变化趋势才会对地区和流域的决策者们提供很好的理论参考。但是，过去的趋势研究大多数集中于对径流和潜在蒸散发的分析（程玉菲等，2007；金晓媚、梁继运，2009），而对于对实践指导意义很强的实际蒸散发（绿水流）的趋势分析和预测研究却很少。

随着经济社会的进一步发展，黑河流域的水危机越来越严重（程国栋等，2003）。近年来，黑河流域水资源和气象因子的趋势研究主要集中于温度、降水、径流和潜在蒸散发的分析，尚缺乏不同空间尺度上的蓝绿水研究，尤其是绿水流（实际蒸散发）的研究。本研究旨在深入分析黑河流域蓝绿水的变化规律及其原因。研究内容包括：①分析蓝绿水在全流域，上、中、下游，子流域这三种尺度上的变化趋势；②分析黑河流域蓝绿水的突变和预测未来变化趋势。

6.2　研究方法

本章研究使用 SWAT 模型进行模拟，通过 Mann-Kendall 等统计检验方法分析黑河流域蓝绿水在全流域、上中下游和子流域尺度上的历史变化和未来变化趋势。研究的基本框架详见图 6.1。

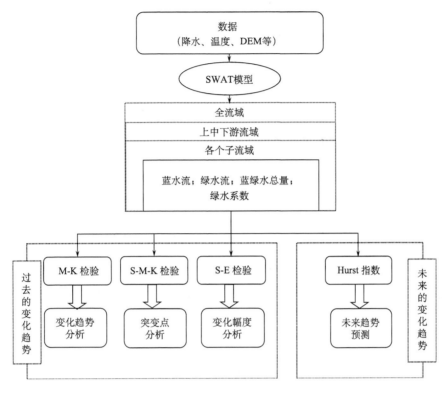

图 6.1　研究的基本框架

6.2.1　数据来源

本研究的蓝绿水数据来源于 SWAT 模型的模拟结果。在以前的研究中，SWAT 模型在该流域的模拟取得了很好的率定和验证结果（见第 3 章）。在本研究中，采用第 3 章已经率定和验证好的所有参数和第 4 章划分好的子流域和水文响应单元，并通过收集新的数据，将模拟时间扩展到 1958～2010 年（以前的研究时间是 1980～2004 年）。将前两年作为预热期，所以本章研究的时间区间为 1960～2010 年。本章研究的降水和温度的数据来源于黑河重大项目研究数据组（www.westgis.ac.cn/datacenter.asp）。本章使用泰森多边形法计算整个流域和上中下游降水和温度的值（Bern et al.，1992）。

6.2.2　趋势分析方法

本章选用 Mann-Kendall（M-K）统计检验方法（Mann，1945；Gilbert，1987），对黑河流域的 51 年（1960～2010 年）的蓝水流、绿水流和蓝绿水总量的变化趋势进行分析；运用 Sequential Version Mann-Kendall（S-M-K）方法（Feidas et al.，2004；Yang et al.，2008）对蓝绿水流进行突变点检验；运用 Sen's Estimator（S-E）方法（Sen，

1968)对蓝绿水流的变化幅度进行检验；最后运用 Hurst 指数（Kubilius and Melichov，2008）对黑河流域蓝水流、绿水流和蓝绿水总量以及降水温度的未来变化趋势进行预测。

6.3　蓝绿水历史演变趋势分析

6.3.1　黑河流域蓝绿水的变化趋势

　　通过 M-K 检验可以发现，在过去 51 年间，黑河流域蓝水流和蓝绿水总量分别在 $\alpha=0.001$ 和 $\alpha=0.01$ 水平下显著增加。同时，绿水系数在 $\alpha=0.001$ 水平上显著减少（图 6.2）。黑河流域的蓝水流在 1960～2010 年增加了 10.7 亿 m^3，相当于每 10 年增加 2.1 亿 m^3（表 6.1）。同时，蓝绿水总量在 1960～2010 年增加了 21.8 亿 m^3，相当于每 10 年增加 4.4 亿 m^3（表 6.1）。绿水流在过去 51 年间变化并不显著。通过 S-M-K 检验可以发现，在 1960～2010 年，蓝水流的突变点是 1963 年；绿水流的突变点是 1975 和 1980 年；蓝绿水总量的突变点是 1963 年和 1978 年；绿水系数的突变点是 1963 年（图 6.2）。蓝水流和绿水系数有着相同的突变点，但是他们却有着不同的变化趋势（图 6.2）。这主要是和蓝绿水流的变化幅度以及绿水系数的计算方式有关。同时，通过突变点结果可以发现，黑河流域的蓝绿水总量除了在 1975～1978 年出现一定波动外，其基本趋势是保持 1963～2010 年增加的趋势。

表 6.1　1960～2010 年黑河流域蓝绿水的变化量　　　　（单位：亿 m^3）

	上游	中游	下游	全流域
蓝水流	6.6	4.8	−0.7	10.7
绿水流	10.3	9.9	−9.1	11.1
蓝绿水总量	16.9	14.7	−9.8	21.8

6.3.2　黑河流域上中下游流域的蓝绿水变化趋势

　　通过表 6.1 可以发现，在黑河上游流域，蓝水流、绿水流、蓝绿水总量在 1960～2010 年 $\alpha=0.001$ 水平上显著增加。但绿水系数在过去 51 年间在 $\alpha=0.05$ 水平上显著减少。蓝水流在上游流域在过去 51 年间保持着每 10 年 1.3 亿 m^3 的增加速度（表 6.1）；绿水流在上游保持着每 10 年 2.1 亿 m^3 的增加速度（表 6.1）。通过突变点分析可以看出，上游流域蓝水流在 1960～1966 年出现减少的趋势，而在 1966～2010 年保持增加的趋势（表 6.2）；绿水流在 1963～2010 年保持着增加的趋势；蓝绿水总量则在 1963～1966 年出现减少，随后在 1966～2010 年一直保持增加（表 6.2）。同时，绿水系数则从 1967～2010 年保持减少的趋势（表 6.2）。

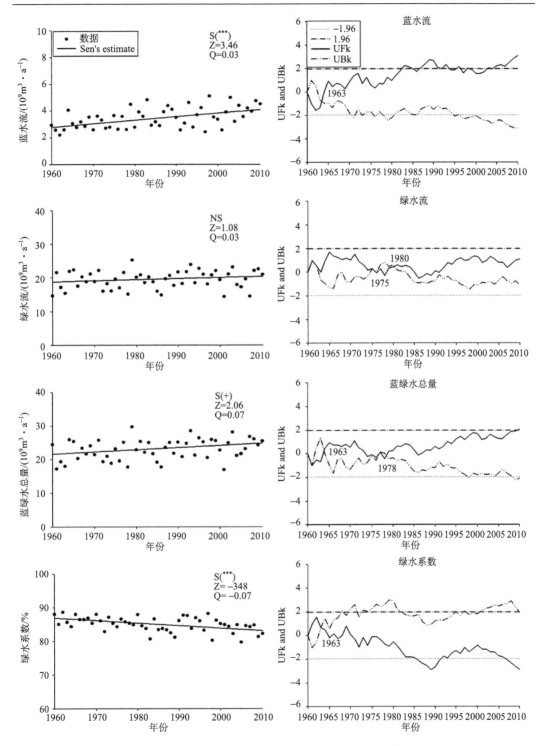

图 6.2　1960～2010 年黑河流域蓝绿水及绿水系数的趋势变化分析

S. M-K 检验显著；NS. M-K 检验不显著；

*** 在 $\alpha = 0.001$ 水平上显著；+ 在 $\alpha = 0.10$ 水平上显著

在中游流域,蓝绿水在 1960~2010 年 α=0.05 的水平上保持显著增长趋势;绿水流和蓝绿水总量在 1960~2010 年 α=0.01 水平上保持显著增长的趋势(表 6.2)。中游流域的蓝水流在 1960~2010 年增加了 4.8 亿 m^3,绿水流在这期间增加了 9.9 亿 m^3(表 6.1)。同时,蓝水流在中游流域的突变年是 1964 年;绿水流的突变年是 1973 和 1981 年;蓝绿水总量的突变年是 1976 年和 1979 年(表 6.2)。绿水系数在中游流域的突变年和蓝水流处于同一年,但是二者有着完全相反的变化趋势(表 6.2)。

在下游流域,蓝水流、绿水流、蓝绿水总量和绿水系数的 M-K 检验结果都不显著。蓝水流在下游流域的突变年和蓝绿水总量的突变年很接近;而绿水流和绿水系数的突变年也很接近(表 6.2)。同时从表 5.3 可以看出,在下游流域,不论是蓝水流,还是绿水流和蓝绿水总量在过去 51 年间都出现减少。

表 6.2　1960~2010 年黑河流域上中下游蓝绿水的 M-K 检验、S-M-K 检验和 S-E 检验

	上游			中游			下游		
	M-K	S-M-K	S-E	M-K	S-M-K	S-E	M-K	S-M-K	S-E
蓝水流	S (***) ↑	1961↓ 1966↑	17.78	S (*) ↑	1964↑	10.31	NS	1963↑ 1976↓	0.51
绿水流	S (***) ↑	1963↑	20.89	S (**) ↑	1973↓ 1981↑	31.82	NS	1964↑ 1975↓	−17.27
蓝绿水总量	S (***) ↑	1963↓ 1966↑	36.79	S (**) ↑	1976↓ 1979↑	44.84	NS	1963↑ 1974↓	−20.43
绿水系数	S (*) ↓	1967↓	−0.14	NS	1964↓	−0.03	NS	1964↓ 1974↑	−0.01

注:S 表示 M-K 检验显著,NS 表示不显著;↑表示增加,↓表示减少。

*** 在 α = 0.001 水平上显著,**在 α = 0.01 水平上显著,*在 α = 0.05 水平上显著。

6.3.3　黑河流域蓝绿水变化趋势的空间分布

尽管在全流域尺度和上中下游流域尺度上,蓝水流、绿水流和蓝绿水总量在过去 51 年间在上中游显著增长。但是其在子流域尺度上却有不同的变化趋势。在上、中、下游流域尺度上,蓝水流在下游流域总体出现减少,但是在子流域尺度上,蓝水流在 2 号、5 号、15 号、16 号子流域上在 α=0.05 出现显著增加的趋势(图 6.3)。相比在上中下游流域尺度上在上游地区的显著增加,蓝水流在上游的 19 和 32 号出现在 α=0.05 水平上的显著减少(图 6.3)。从图 6.3 来看,除了 12 号子流域,绿水流和蓝绿水总量在子流域尺度上的变化基本一致。12 号子流域在 1960~2010 年 α=0.05 水平上显著减少,该子流域在过去 51 年间平均每 10 年减少了 44.84 mm(图 6.3,表 6.3)。

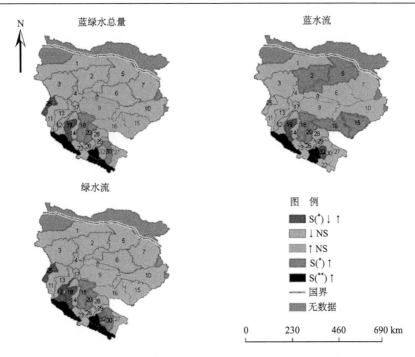

图 6.3　1960～2005 年黑河流域各个子流域的蓝绿水变化趋势的空间格局分布

S 表示 M-K 检验显著，NS 表示不显著；↑表示增加，↓表示减少。

**在 $\alpha = 0.01$ 水平上显著，* 在 $\alpha = 0.05$ 水平上显著

通过图 6.3 可以发现，相比在上中下游尺度上的显著增加，蓝绿水总量在中游的 19 和 25 号子流域在 $\alpha = 0.05$ 水平上显著减少。同时，蓝绿水总量在下游大多数子流域并无显著变化。但在上中游地区的 21、22、24、31 号子流域，蓝绿水总量在 $\alpha = 0.01$ 水平上显著增加。在过去 51 年间，这些子流域分别保持了平均每 10 年 35.35 mm、26.78 mm、35.66 mm、33.98 mm 的增长速率（表 6.3）。

表 6.3　1960～2010 年黑河流域各个子流域蓝绿水的变化　　（单位：mm）

子流域代码	蓝水流	绿水流	蓝绿水总量
1	−1.13	−11.23	−12.36
2	5.83	−12.33	−6.50
3	−1.00	−11.00	−12.00
4	0.70	−13.28	−12.58
5	5.24	−15.17	−9.93
6	4.36	−11.46	−7.10
7	4.39	−8.52	−4.13
8	2.99	17.28	20.27
9	1.12	15.91	17.03

续表

子流域代码	蓝水流	绿水流	蓝绿水总量
10	0.91	−3.28	−2.37
11	1.08	−27.70	−26.62
12	−2.46	−42.38	−44.84
13	−1.32	−26.37	−27.69
14	−2.84	−25.35	−28.19
15	14.87	29.36	44.23
16	14.54	31.52	46.06
17	1.90	−23.36	−21.46
18	6.74	70.51	77.25
19	−23.72	−61.23	−84.95
20	16.53	70.78	87.31
21	47.23	129.53	176.76
22	19.28	114.63	133.91
23	19.03	−34.27	−15.24
24	48.79	129.53	178.32
25	−3.86	−45.33	−49.19
26	−17.88	−22.82	−40.70
27	1.78	14.30	16.08
28	−6.54	−31.33	−37.87
29	−3.19	25.86	22.67
30	11.37	89.85	101.22
31	45.82	124.08	169.90
32	−33.46	43.25	9.79

6.3.4　未来变化趋势的预测

通过图 6.4 可以看出，在全流域尺度上蓝水流、绿水流、蓝绿水总量和绿水系数的 Hurst 指数均大于 0.5，这表明他们将会在未来保持和过去一致的变化趋势。即蓝水流、绿水流和蓝绿水总量在未来将仍然保持增加的趋势，而绿水系数则会持续减小。这些变量的持续性强弱如下：蓝水流>绿水系数>蓝绿水总量>绿水流。对于绿水流来说，尽管其将来仍然保持持续的增加，但是由于其 Hurst 指数接近 0.5，所以将来的增长趋势将会较弱。

在上游和中游流域，各气象和水文变量 Hurst 指数都高于 0.5（图 6.4），所以蓝水流、绿水流、蓝绿水总量和绿水系数在将来仍将保持和过去一致的变化趋势。即蓝水流、绿水流和蓝绿水总量在未来仍然保持增加的趋势，而绿水系数则会保持减少的趋势。这一趋势在上游流域尤为明显，因为上游的这些变量的 Hurst 指数更加接近 1。

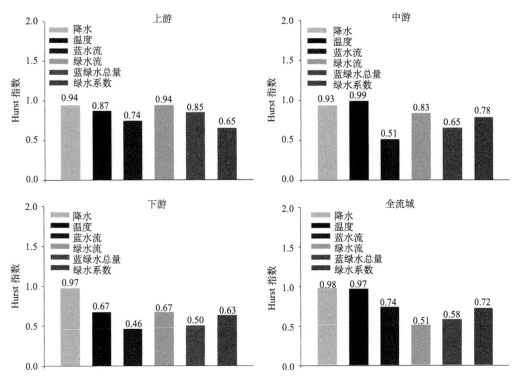

图 6.4　黑河流域气象和水文变量的 Hurst 指数

　　在中游流域，蓝水流在将来变化的持续性较弱，因为其 Hurst 指数仅为 0.51。从图 6.4 也可以看出，绿水流中上游流域在未来会保持增加的趋势，而绿水系数则会持续减小。同时，在下游流域，由于蓝水流的 Hurst 指数为 0.46（图 6.4），所以其在将来的发展趋势将会和过去的变化趋势相反。蓝水流在过去 51 年间在下游出现了减少，由于其在将来的反持续性，所以蓝水流将会在未来出现增加的趋势。同时，下游流域的蓝绿水总量的 Hurst 指数为 0.5，所以在未来下游流域蓝绿水的变化趋势将会独立于过去的变化趋势。即下游流域的蓝绿水总量在未来的变化趋势并不明朗。

6.4　本章讨论与小结

　　通过对黑河流域不同尺度的蓝绿水变化趋势分析，我们发现在全流域尺度上，蓝水流和蓝绿水总量在过去 51 年间出现显著增加（图 6.2）。这主要是由于全流域降水在过去 51 年间的显著增加造成的（图 6.5）。同时，蓝绿水在黑河流域的不同部分的变化趋势也是不同的，蓝水流、绿水流和蓝绿水总量在上游和中游显著增加，但是在下游变化趋势却不显著（表 6.1）。这主要是由降水在黑河流域的不同部分的不均匀变化造成的（图 6.6）。进一步的原因是不同部分的水汽循环影响了降水的不均匀分布（蓝永超等，2004）。

由于上游祁连山的阻碍作用和中游河西走廊的廊道地形以及下游的平坦地势，导致了黑河流域上中下流域降水来源的不同（蓝永超等，2004）。黑河上游地区的降水主要是受到西太平洋副热带高压和印度洋暖流的影响；中游地区的降水主要受到西太平洋副热带高压和欧亚大陆高纬度环流的影响；下游地区的降水主要是受到欧亚大陆高纬度环流的影响（贾文雄等，2008；Rudi et al.，2010）。因此，降水在中上游主要是受到来自大洋水汽的影响，而下游主要是受到陆地水汽蒸发内循环的影响。陆地水汽的蒸发内循环相比大洋的水汽较弱，因此下游地区的降水明显少于上游和中游地区。所以，在黑河流域上中下游地区不同的降雨机制和强度导致了蓝水流、绿水流和蓝绿水总量在这些地区的变化趋势的不同。

在全流域尺度上，蓝水流和蓝绿水总量有着相同的突变年（图 6.2）。这是由于上游和中游的降水丰富，所以主导了全流域的水文过程。西太平洋副热带高压和印度洋暖流在 20 世纪 60 年代的变化，直接导致了降水在 1963 年的突变（蓝永超等，2004）。这是造成蓝水流在 1963 年开始突变的主要原因。同时，黑河流域的温度主要受到西风环流、青藏高原低压和蒙古高压的影响，由于这些气团在 1960～1980 年的波动（蓝永超等，2004；贾文雄等，2008），造成了温度在 1960～1980 年的三次突变（图 6.5）。因此，降水和

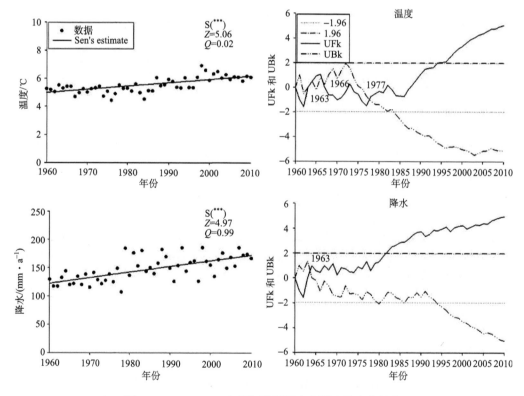

图 6.5　1960～2010 年黑河流域降水和温度的变化趋势

S. M-K 检验显著；*** 在 $\alpha = 0.001$ 水平上显著

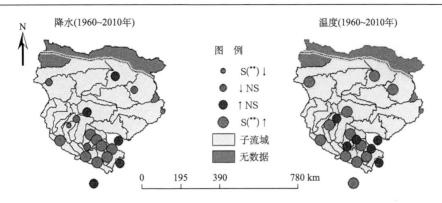

图 6.6　1960～2010 年黑河流域各站点降水和温度变化趋势的空间分布

S. M-K 检验显著，NS. M-K 检验不显著；↑. 增加，↓. 减少。** 在 $\alpha = 0.01$ 水平上显著

温度的突变影响了蓝绿水总量的突变，但是这些大气环流是如何影响到黑河流域蓝绿水的突变机制，仍然需要做进一步研究。进一步讲，蓝绿水的变化不仅仅受到大气环流的影响，也受到当地人类活动的影响。人类活动对当地微气候环境的影响以及人类活动对地区水分和大气环流的影响也需做进一步研究。

　　在上中下游尺度上，黑河流域上中下游流域的蓝绿水、降水与温度之间相近的突变年，反映了他们之间密切的因果关系（表 6.1；表 6.4）。上中下游不同的地形特征和水汽循环机制是造成这三部分降水、温度和蓝绿水突变的主要原因。具体的原因在上面的论述中已经阐明，所以这里不再赘述。

表 6.4　黑河流域上中下游降水和温度的 M-K 检验、S-M-K 检验、S-E 检验结果

	上游			中游			下游		
	M-K	S-M-K	S-E	M-K	S-M-K	S-E	M-K	S-M-K	S-E
温度	S（***）↑	1967↓ 1980↑	0.02	S（***）↑	1966↓ 1985↑	0.02	S（***）↑	1967↓ 1981↑	0.02
降水	S（***）↑	1964↑	1.69	S（***）↑	1966↑	1.89	NS	1964↑ 1985↓	−0.08

注：S. M-K 检验显著，NS. M-K 检验不显著；↑. 增加，↓. 减少；*** 在 $\alpha = 0.001$ 水平上显著。

　　由于黑河流域降水时空分布的差异，导致不同子流域的水文过程的变化。在上游地区，降水量相对偏高且温度偏低，因此会导致较多径流的产生和较低的蒸散发强度（Li，2010）。相反，在下游地区，由于降水非常稀少，且温度较高，所以降水会首先有相当一部分变为水汽蒸发，只有少量的降水会变成径流。由于下游流域存在高的潜在蒸散发强度和较低的土壤含水量，降水的增加会首先增加实际蒸散发。我们的研究结果表明，上游和中游的降水在过去 51 年间显著增加。由于上游的高山地形和多年降水较多，所以该地区产生径流的速率高于产生蒸发的强度，因此会导致绿水系数的减少，这与我们的研究结果是一致的（表 6.1）。结合以上的分析，可以说明蓝水流的显著增加和绿水系数

的显著减少反映了降水和温度在上游和中游显著的变化趋势（表 6.1、表 6.4）。

在流域尺度上，蓝水流、绿水流和蓝绿水总量在未来将会继续保持增加的趋势。这主要是由黑河流域降水和温度在未来持续增加造成的（图 6.5）。同时，本研究也存在以下问题：我们只使用了一种方法对蓝绿水、降水和温度的突变进行分析，这会对突变年的准确预测造成一定的误差。例如，对温度的突变分析，使用 S-M-K 方法得到的突变年是 1985 年，而使用 Pettitt 法得到的突变年是 1987 年（Yin，2006；Li et al.，2011）。因此未来对突变年的研究，使用突变年的区间年份比使用单独一个突变年会更加的合理。

通过使用不同的统计检验方法对黑河流域三种尺度上蓝绿水的变化趋势以及可能造成的原因分析，我们可以得到以下结论：

（1）蓝水流和蓝绿水总量在全流域尺度上在 1960～2010 年显著增长。在上游和中游地区，蓝水流的增加尤为显著。流域不同部分的降水来源的不同，是造成蓝绿水在不同地区变化趋势不同的主要原因。对于不同水汽循环对上中下游的影响机制，仍然需要进一步研究。

（2）蓝水流、绿水流和蓝绿水总量的突变，直接受到降水和温度突变的影响。因此，上中下游地区的气候变化是造成该流域蓝绿水突变的最主要原因。

（3）在全流域尺度上，蓝水流、绿水流和蓝绿水总量在未来将保持继续增加的趋势，而绿水系数则保持继续减少的趋势。在上、中、下游流域尺度，除了蓝水流，其他变量在未来将会和过去保持一致的变化趋势。而蓝水流在下游地区，未来将会出现增加的趋势。

综上所述，我们不仅分析了黑河流域全流域尺度上蓝水流、绿水流、蓝绿水总量和绿水系数的动态变化趋势，也具体分析了其在上、中、下游流域尺度和子流域尺度上的变化趋势及分布。该研究结果不仅可以为决策者、水资源管理者以及广大学者们全面了解黑河流域水文水资源的变化状况及其原因提供参考信息，也可以为科学的管理中国干旱、半干旱地区内陆河流域的水资源提供必要的理论指导。

第 7 章　黑河流域水资源短缺评价及可持续分析

7.1　研　究　背　景

黑河是中国西北的第二大内陆河，也是西北地区经济发展的重要影响因素（程国栋等，2006）。黑河发源于中国青海省的祁连山山脉，流经中国甘肃省和蒙古国，最后进入中国内蒙古自治区。其南部的祁连山区至北部的荒漠地带，形成了以水循环过程为纽带、由高到低、从东南向西北的链状山地-绿洲-荒漠复合生态系统，呈现出西北地区内陆河流域典型的景观格局特征 (图 6.1) 。流域内降雨量分配不均，上游的年均降水量可达 480 mm·a^{-1}，下游小于 20 mm·a^{-1}。上游和中游的水资源过度利用导致了下游水量的减少，引起了盐碱化和沙漠化的形成（Cheng，2002；Feng et al.，2002；Chen et al.，2005）。黑河流域的水量在不断减少，水体水质问题也日益突出。三角洲地带的水体水质矿化度增加，中游河段水体富营养化程度加重，总氮含量超标等，均引起了黑河流域部分河段水体水质恶化，其中张掖地区达到了劣 V 类水（宁宝英等，2008；龚雪平等，2012）。张掖市是 2002 年由国家水利部确立的第一个节水型社会建设试点，水资源极度稀缺，节水型试点项目则希望通过调整灌区的用水模式和提高用水效率等方式达到消减整个地区用水量的目的。

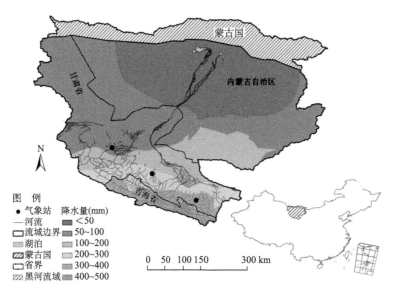

图 7.1　黑河流域地理位置图

前人的研究大多侧重于黑河流域蓝水资源（Chen et al.，2005；Zhao et al.，2005），少有研究从部门及水资源类型的角度出发，评价流域的水资源消耗。黑河流域的水足迹和水资源短缺评价,有助于流域节水型社会的建设,为提高水资源管理提供科学的依据。

7.2 黑河流域水足迹评价

7.2.1 作物蓝绿水足迹

在所有研究的作物类型中,棉花的虚拟水含量最大,达到了 3384 $m^3 \cdot t^{-1}$(图 7.2),大豆也具有较高的虚拟水含量,为 2216 $m^3 \cdot t^{-1}$,谷类作物的虚拟水含量范围为 763～1045 $m^3 \cdot t^{-1}$。蓝水系数(BWP)指虚拟水含量中蓝水所占的比例(Liu X. et al., 2009)。研究表明,大豆的蓝水系数高达 70%,紧随其后的为小麦和玉米的蓝水系数,分别为 62% 和 64%(表 7.1)。糖料作物和油料作物的蓝水系数值最低,主要原因是这些作物属于雨养作物。作物的蓝水系数受到两个因素的影响:灌溉面积和作物特征,因为这些因素是作物灌溉用水的关键,决定了作物蓝水系数的高低。

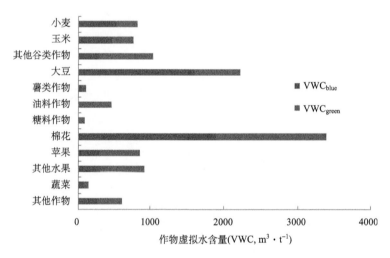

图 7.2　黑河流域作物的虚拟水含量(VWC)

表 7.1　2004～2006 年黑河流域作物产品和牲畜产品的虚拟水含量(VWC)、水足迹(WF)和蓝水系数(BWP)

类型	VWC/($m^3 \cdot t^{-1}$)	WF/10^6($m^3 \cdot a^{-1}$)	BWP/%
小麦	826	266	64
玉米	763	182	62
其他谷类作物	1045	368	27
大豆	2216	48	72
薯类作物	110	10	45
油料作物	466	22	0

续表

类型	VWC/(m³·t⁻¹)	WF/10⁶(m³·a⁻¹)	BWP/%
糖料作物	94	18	0
棉花	3384	156	56
苹果	855	23	34
其他水果	918	210	34
蔬菜	150	111	48
其他作物	614	225	45
猪肉	3910	10.32	26%
牛肉	20360	7.62	3
羊肉	14670	42.87	0.3
家禽肉	4029	5.01	39

2004~2006 年黑河流域年均作物水足迹为 16.38 亿 $m^3 \cdot a^{-1}$，其中 45%（7.42 亿 m^3）的水足迹为蓝水足迹，55%（8.96 亿 m^3）为绿水足迹（图 7.3）。作物水足迹中，谷类作物占成分最大，其中小麦和玉米共占作物总水足迹的 27%，主要因为小麦和玉米的种植面积非常大，占到了黑河流域作物种植总面积的 30%。作物蓝水足迹中 51%来自于谷类作物，其中小麦和玉米共占 38%；49%的作物绿水足迹也来自谷类作物，其中小麦和玉米共占 19%。不仅仅在黑河流域，对整个中国而言，小麦和玉米都是主要的粮食作物，耗水量非常大（Liu et al.，2007）。

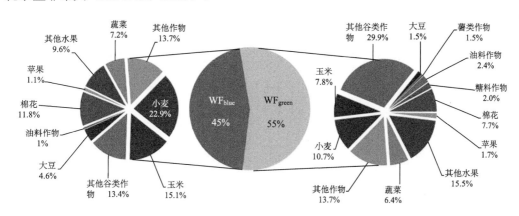

图 7.3　2004~2006 年黑河流域的作物的蓝绿水足迹（WF_{green} 和 WF_{blue}）

7.2.2　牲畜产品蓝绿水足迹

牲畜产品中，虚拟水含量最大的为牛肉，高达 20000 $m^3 \cdot t^{-1}$，其次为羊肉（表 7.1）。肉类的虚拟水含量远高于作物的虚拟水含量，该结论是可以理解的。当牲畜的食物消耗的水量越高，其肉类虚拟水含量也随之升高。

　　同作物相比，肉类的蓝水系数相对较低，仅为 1%～4%（表 7.1）。四种牲畜产品的蓝水虚拟水含量均高于作物的蓝水虚拟水含量。在四种肉类中，羊肉的蓝水系数最低，仅为 0.3%，主要原因是羊群的养殖属于放养模式，牧草为羊群的主要食物。与玉米的生长环境不同，牧草属于雨养作物，所需用水均来自绿水。相反，家禽肉的蓝水系数相对较高，达到 40%，主要原因是家禽都养殖在农家院或是农场里，人工喂食是它们生存的主要方式。因此，家禽的蓝水系数主要受到这些喂养的食物影响。总的来说，肉类的虚拟水含量及其蓝绿水成分同它们的所喂食物及牲畜的养殖方式密切相关。

　　2004～2006 年黑河流域年均牲畜产品水足迹为 0.66 亿 $m^3 \cdot a^{-1}$，其中 92%（0.61亿 m^3）的水足迹为蓝水足迹，8%（0.05 亿 m^3）为绿水足迹（图 7.4）。牲畜产品的绿水足迹中，羊肉占 70%，主要原因是羊肉的产量较大。牲畜产品的蓝水足迹中，猪肉和家禽肉共占 92%，而羊肉仅占 4%。羊肉的蓝水系数较低，因此羊肉占据的蓝水足迹的成分也较低。

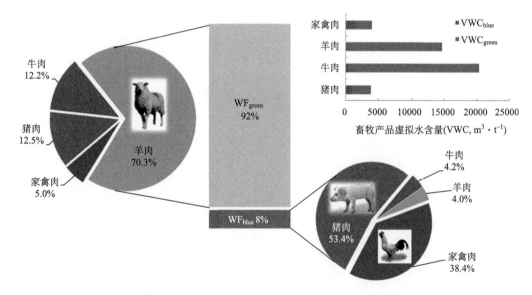

图 7.4　2004～2006 年牲畜产品的蓝绿水足迹（WF_{green} 和 WF_{blue}）

7.2.3　黑河流域蓝绿水足迹

　　2004～2006 年黑河流域年均水足迹为 17.68 亿 $m^3 \cdot a^{-1}$，其中 92%（16.38 亿 m^3）的水足迹来自作物产品，4%来自牲畜产品，工业部门和生活部门各占 2%，分别为 0.34 亿 $m^3 \cdot a^{-1}$ 和 0.30 亿 $m^3 \cdot a^{-1}$（图 7.5）。农业生产（作物产品和牲畜产品）是黑河流域主要的人类活动，几乎占据了流域内 96%的水足迹。对于作物水足迹来说，谷类产品是最大的用水户；对于牲畜产品来说，羊肉是最大用水户。

　　在黑河流域，54%（9.56 亿 m^3）的水足迹为绿水足迹，其余 46%（8.11 亿 m^3）为蓝水足迹（图 7.6）。流域绿水足迹中大约 94%来自作物产品，其中谷类作物所占比例最大；其余 6%来自牲畜产品。流域蓝水足迹中，作物产品所占比例高达 91%，生活部门和工业部门各占 4%，牲畜产品仅为 1%。牲畜产品之所以在蓝水足迹中所占比例非常小，是因为黑河流域内牲畜的主要养殖方式为放养，所吃食物的生长环境大多为雨养环境，绿水较为充沛。作物产品，尤其是谷物产品，是黑河流域内最大的蓝绿水用户。

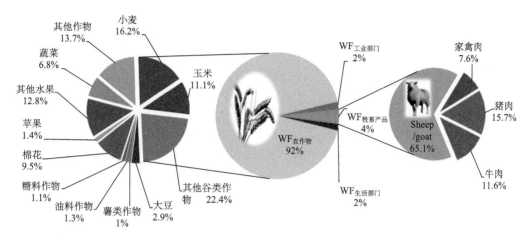

图 7.5　2004～2006 年黑河流域水足迹（WF）

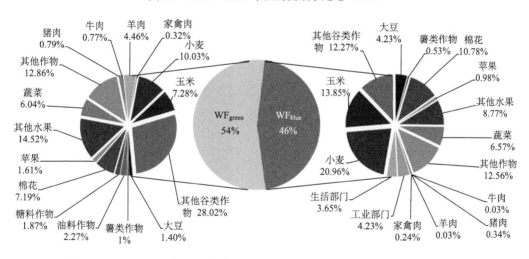

图 7.6　2004～2006 年黑河流域年均蓝水足迹和绿水足迹（WF_{green} 和 WF_{blue}）

7.2.4 黑河流域灰水足迹

2004～2006 年，黑河流域的年均灰水足迹为 42.22 亿 $m^3 \cdot a^{-1}$，主要污染物为 N。其中，农业部门为黑河流域最大的污染排放部门，灰水足迹为 21.83 亿 $m^3 \cdot a^{-1}$；其次为工业部门和生活部门，灰水足迹分别为 12.01 亿 $m^3 \cdot a^{-1}$ 和 8.38 亿 $m^3 \cdot a^{-1}$。黑河流域的灰水足迹为三个部门的灰水足迹之和。黑河流域水资源量为 26.4 亿 $m^3 \cdot a^{-1}$，灰水足迹高于当地的水资源量。

黑河流域内超过 90% 的灰水足迹都发生在甘肃省境内，造成这一现象的主要原因是流域内的农业种植区域几乎全部集中在甘肃省，如甘肃的张掖等地区为中国西部重要的粮食基地；仅有不到 3%的种植面积属于内蒙古自治区；对于青海省而言，其农耕用地可忽略不计。同时，由于人口和工业部门的分布，甘肃也成为了黑河流域内最大的工业和生活排污源。

7.3 黑河流域水资源短缺评价

2004～2006 年，黑河流域的年均水资源量为 26.4 亿 $m^3 \cdot a^{-1}$，用水量为 34.33 亿 $m^3 \cdot a^{-1}$（肖洪浪、陈国栋，2006），灰水足迹为 42.22 亿 $m^3 \cdot a^{-1}$。水量型缺水指标 I_{blue} 和水质型缺水指标 I_{grey} 值分别为 1.3 和 1.6。因此，黑河流域同时具有水量型和水质型水资源短缺问题。

黑河流域的 I_{blue} 值远高于其阈值 0.4，表明黑河流域具有严重的水量型缺水问题。黑河流域处于干旱半干旱区域，大约 2/3 的水资源量都用于农业灌溉，蓝水资源的极度短缺让人类和生态环境都受到了严重的威胁。黑河流域内的张掖市作为节水型试点地区，在节水方面取得了很大成就，当地的作物产量也在不断提高。尽管灌区用水模式的改变降低了当地的用水量，但随着种植面积的扩大和种类的增多，水资源量依旧不能满足当地的生产活动和环境需水。

黑河流域的 I_{grey} 值远高于其阈值 1.0，表明黑河流域的水资源量不足以稀释当年产生的污染量，造成了流域部分河段水体水质恶化。黑河流域水体的重要污染元素为 N，这一元素是造成黑河流域中游部分河段水体富营养化的主要原因。目前看来，黑河流域的 I_{grey} 值还未达到非常高的数值，若不尽快采取有效的措施处理水污染问题，那么随着时间的推移而产生的污染物的累积状况会越加严重，水污染问题难以控制。已有研究表明，黑河流域水体中引起水质恶化的离子（如钙离子）正在呈现缓慢增加的趋势（陈崇希，2000）。黑河流域的水质问题应当得到相关部门的关注和重视，加强黑河流域各区域的排污源监测，严格控制流域的各部门排污，设定符合黑河流域情况的各项用水和排污指标。

7.4 黑河流域水资源可持续分析

研究采用蓝水足迹与蓝水可利用量的比值作为流域蓝水资源年均或月均短缺的可持续指标（图 7.6）。由于 4 月至 9 月的降水量相对较高，可利用的自然径流量在这些月份内较高。同时这些月份还是作物的主要生长季节，因此较其他月份而言，这一期间的蓝水足迹值较大。而 10 月到 3 月由于气候较为寒冷，作物难以生长，加之低的降水量难以维持雨养作物的生长，因此这些月份内蓝水足迹较低。

黑河流域在 2004～2006 年的年均蓝水足迹为 8.11 亿 $m^3 \cdot a^{-1}$，远高于蓝水可利用量 5.28 亿 $m^3 \cdot a^{-1}$。流域的年均可持续指标为 154%，表明蓝水资源不可持续。黑河流域的蓝水足迹是自然径流量的 31%，流域的径流受到了人类活动的严重干扰，表明人类活动产生的水消耗已经远超过蓝水利用量的可持续程度，人类用水在很大程度上违背了环境流的规律。

将月蓝水足迹与月蓝水可利用量进行比较，能够知道流域在每个月份水资源利用的可持续程度。依据本研究结果，黑河流域有 8 个月的蓝水足迹均远高于蓝水可利用量（图7.7），其中，4 个月的可持续指标高于 200%（4 月、5 月、6 月和 12 月），蓝水资源都处于严重的不可持续利用阶段。尽管 4 月到 7 月间自然径流量较高，可利用蓝水量却并不能满足人类的需求，尤其是作物灌溉需求。11 月到 1 月期间，黑河流域进入了干旱

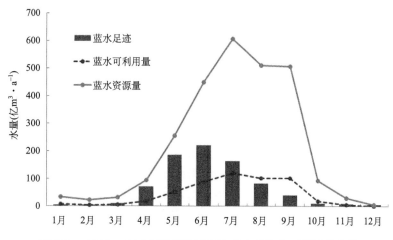

图 7.7　2004～2006 年黑河流域年均蓝水足迹和可利用蓝水量

季节，仅有一小部分的水量可以用于工业和生活部门，表明全年中有 2/3 的时间都无法满足环境流的需求。自然径流不能同时满足人类和环境的用水需求，导致了用水的不可持续性，在黑河流域引发了严重的生态退化，如河流干涸、流域植被死亡。

7.5　本章讨论与小结

黑河流域内人均水足迹（蓝水和绿水）为 870 $m^3 \cdot cap^{-1} \cdot a^{-1}$。根据 2007 年统计年鉴，甘肃省（黑河流域主要的组成地区）通过食物贸易而产生的净蓝水虚拟水出口量占到了黑河总径流量的 10%，流域内总蓝水利用量的 25%。从水资源的角度来看，在干旱半干旱地区用珍贵的水资源来支持如此大量的食物贸易并不是明智之举。调整作物产业结构是该地区更为有效管理水资源的关键。

本研究得出的作物虚拟水含量大多高于 Liu 等（2007）计算的中国的平均水平。尤其是棉花，其虚拟水含量几乎是中国平均水平的两倍。导致这一结果的主要原因是黑河流域特殊的气候状况，黑河流域位于干旱半干旱地区，潜在蒸发量较高。研究还发现，黑河流域的牲畜产品的虚拟水含量都高于 Chapagain 和 Hoekstra（2007）及 Liu 和 Savenije（2008）等学者的研究。尤其是牛肉产品，其虚拟水含量几乎是 Chapagain 和 Hoekstra（2007）得出结果的 1.6 倍。干燥的气候状况使得黑河流域牲畜的食物虚拟水含量较高，导致肉类产品的虚拟水含量随之增高。

Zhang（2003）计算了黑河流域西部的张掖市的作物和牲畜产品的虚拟水含量。除了

薯类作物和油料作物外，Zhang（2003）的研究得到的其他所有作物和牲畜产品的虚拟水含量都与本研究结果相近。Zhang（2003）计算的薯类作物和油料作物的虚拟水含量高于本研究计算的结果，主要因为张掖市的降雨量低于黑河流域平均降水，而这两类作物更多的是依赖于绿水资源，张掖市低的降水量导致了这两种作物高的虚拟水含量。

总的来说，黑河流域作物产品的蓝水系数为 45%，远高于 Liu X.等（2009）计算的全球平均水平 19%及中国平均水平 32%（Liu et al.，2007）。黑河流域属于中国西北部干旱半干旱的内陆河流域，多数作物类型在生长季节时都依赖于灌溉。高温导致了高的作物需水量，同时低降水量增加了黑河流域内作物对于灌溉的依赖性。本研究计算的牲畜产品的蓝水系数与 Zhang（2003）的研究非常相似。

黑河流域的水足迹和水资源短缺评价，由于数据的缺少和方法的不成熟，依然存在很多需要改进和注意的地方。

第一，核算流域的水足迹时，由于缺少流域内的相关数据，研究结果会与真实值产生一些误差。但是在无法直接获得流域尺度统计数据的条件下，本章研究中应用的方法是最佳选择。例如，在评价流域蓝绿水足迹时，缺少流域尺度的作物产品和牲畜产品的数据。该研究以作物或牲畜的全球分布图和行政单元的统计数据为基础，计算了黑河流域的作物产量和牲畜产品产量，结果肯定会与实际值有出入，但是该方法已经是当前情况能采取的最佳方法。本章研究是首次尝试对黑河流域的水足迹进行评价，难以对模型得出的结果进行验证，如应用 CROPWAT 模型计算的作物虚拟水含量值，对于这种结果的验证只能够通过更多的监测和实验。

第二，在黑河流域的蓝水足迹可持续性评价中，对于环境流的相关数据，采用了 Hoekstra 等（2011）提出的 80%的阈值，即自然径流的 80%的水量用于维持环境流。这一数据能否在黑河流域这种干旱、半干旱区域使用还需要进行验证。为了解决这一问题，以后需要更多的对维持淡水生态系统的环境流以及依靠这些生态系统的人类活动的用水关系进行研究。其中较为有效的方式是建立“常规”水状况的基线，并评估实际的水需求，尤其是当地生态用水需求。

第三，难以区分黑河流域的内部和外部水足迹，及生产水足迹（如通过蒸腾消耗的水足迹）和非生产水足迹（如通过蒸发消耗的水足迹）。据 2007 年统计年鉴表明农产品虚拟水的出口约为总水资源的 10%，甘肃省总用水量的 25%（蔡振华等，2012），进一步说明了干旱地区的虚拟水贸易量之大。本研究无法提供关于黑河流域的内部水足迹和外部水足迹的完整计算，因为已有的内外部水足迹的研究基本都是以投入产出模型为基础，而本研究采用水足迹网络提供的自下至上的方法，该方法需要依据粮食贸易数据或是粮食消费数据进行虚拟水贸易的评估，然而，这两个数据库目前并未收集成功。

第四，本章研究仅考虑了蓝水可利用量，用水量和污染量来开展水资源短缺评价。绿水是水资源中重要的一部分，但研究中没有将此部分纳入水资源短缺指标体系，因为评价绿水资源短缺非常困难。在水的核算中纳入绿水的成分是非常重要的。传统的水资源评价和管理仅关注蓝水，而忽视了绿水的重要性。已经有大量的研究表明，人们应该在关注蓝水的基础上将更多的重点放在绿水管理上（Liu X. et al.，2009）。如在黑河流域这种干旱半干旱区域，绿水足迹都远高于蓝水足迹。绿水在粮食生产方面具有非常重要的作用，增加绿水的管理，提高绿水利用的有效性，是加强流域水管理和保证粮食安全的关键。但目前来看，对于这些方面的研究和应用还相对较少。

　　还有一些因素没有考虑。① 只计算了中国范围内黑河流域的水足迹，对于处于蒙古的部分没有进行研究。由于在黑河流域蒙古区域内，人类活动开展较少，因此忽略蒙古地区的水足迹并不会对整体结果产生较大的影响。② 没有进行绿水的可持续性评价。绿水不仅对作物生产和牲畜养殖非常关键，对维持自然生态系统的健康也具有重要作用。人类活动和自然系统对于绿水的竞争会造成不同程度的绿水资源短缺。但是由于缺少标准方法，缺少维持自然系统健康需要的绿水的信息，因此没有开展这部分的评价。但绿水的可持续性评价非常重要，因为它可以提供更深的关于人类对绿水资源干扰的理解。③ 尽管对整个黑河流域的水足迹进行了首次评估，但是并没有考虑流域内水足迹的空间异质性。黑河流域的气候和土地利用的空间异质性非常明显，上游降水量高，冰川较多，而下游降水量低，沙漠较多。非常有必要在子流域比较水足迹和可利用水资源，但是这部分内容已经超出了本研究的研究范围，在未来的研究中可以对该内容进行分析。④ 本研究使用的一些数据，如虚拟水含量或是自然径流量，主要通过模型模拟而来，没有考虑水文过程或是供应链。水足迹的计算和评价的详细程度主要依据研究目标开展。为了计算生产水足迹，一般都需要对生产的供应链进行追溯，将供应链中涉及的所有水量进行相加。但是本研究中，流域尺度的水足迹评价虽然基于生产水足迹的结果，但是却未对相关的水循环过程进行追溯和测算。⑤ 尽管研究以黑河流域为整体，探究了流域的水质污染状况，但是无法确定各子流域的水污染情况，暂不能对黑河流域的子流域进行分析。⑥ 在核算黑河流域灰水足迹时，由于极度缺乏污染源的相关数据，未考虑流域的一个主要污染源——牲畜养殖引起的灰水足迹，因此，研究得到的黑河流域灰水足迹值应小于其实际值。最后一点，仍然需要进一步对水足迹的经济和社会影响（如贸易、收入、就业等）进行分析，以使水足迹能够成为一个更为综合的指标，并被决策者使用。

　　水足迹评价方法尚处于完善阶段，水足迹模型在应用过程中也存在一些亟待解决和探讨的问题。在未来的研究中，应当对以下问题继续展开深入的思考：① 在数据缺乏的状况下，应当采用哪些默认值对当地的水足迹进行核算和评价。② 如何选取最合适的时间范围用来评价和分析当地的水足迹变化。③ 选择数据的不确定性影响着水足迹的核算，如何在当前状况下对水足迹的不确定性和敏感性进行分析。

　　总体而言，要开展精确的水足迹评价和水资源短缺评价仍然是很大的挑战，因为水循环和人类活动都是复杂的过程，而且流域尺度的重要数据信息都极度缺乏。但还是需要加大力度收集更为具体的信息，以增加流域尺度水足迹评价的精确性。

第 8 章　结论与展望

8.1　自然条件下黑河流域蓝绿水的时空分布

通过对自然条件下黑河流域蓝绿水的时空分布格局研究发现，黑河流域蓝绿水呈现从上游到下游逐渐递减的分布趋势，这主要是由上中下游降水的时空差异造成的。黑河流域的蓝绿水总量在1980～2004年并没有出现明显的变化。黑河流域在2000～2004年，其平均蓝绿水总量为220亿～255亿 m³。同时，黑河流域全流域平均绿水系数达到了88%以上，这说明该流域的绝大部分水资源是以绿水的形式存在的。这主要是由黑河流域的气候状况、地形特征以及地理位置造成的。我们的研究结果表明造成黑河流域 1980～2004 年蓝绿水变化的主要因素是气候的波动。

该部分研究仅仅考虑了自然条件下的蓝绿水时空分布格局，而没有考虑人类活动对该流域蓝绿水时空分布格局的影响。实际上，在黑河流域中游地区，人类活动对水资源变化的影响是很显著的。尤其的中游许多城镇的分布和大规模灌区的存在，对于黑河流域中游地区水资源的分布和变化影响是很大的。因此，目前的研究仅考虑自然条件而没有考虑人类活动的影响，容易造成和实际结果上的一些误差。所以，考虑人类活动影响下的蓝绿水研究是非常必要的。

8.2　人类活动影响下的黑河流域蓝绿水的时空变化研究

通过气候变化、土地利用、灌溉和综合变化情景分析黑河流域蓝绿水变化，对人类活动影响下黑河流域蓝绿水的时空分布格局研究，得出如下结论：① 在气候波动和人类活动的双重影响下，黑河流域蓝绿水总量在下游中部的子流域和上游的东南部子流域出现了明显增加；而在中游的子流域和下游东南部的子流域出现了减少。但在全流域尺度，黑河流域蓝绿水流并没有明显的变化规律。② 在中游西部的子流域蓝绿水发生了明显减少，这主要是由于该地区降水的减少引起的。从全流域来看，气候的变化和波动使得黑河流域的蓝水流在过去 20 多年间增加了 2.69 亿 m³。中游地区城市化进程的加快，黑河流域蓝水流在中游中部的子流域增加明显。由于中游灌区的灌溉需要从河道和浅层地下水的取水，造成蓝水流在中游的大多数子流域发生减少。③ 由于降水和温度在 1980～2005 年发生的变化，导致黑河流域绿水流在中游西部的子流域发生明显减少，而在下游北部的子流域出现明显的增加。黑河流域绿水在中游中东部的一些子流域减少较为明显。这主要是由这一区域在过去 20 多年间城市化进程加快导致的。农田的灌溉增加了蒸散的来源，导致黑河流域中游中东部灌区的绿水流明显增加。④ 气候变化和波动致使黑河流域绿水系数在下游的西北部地区出现了增加，土地利用变化使绿水系数在中游的中东部地区子流域出现了减少的趋势,而灌溉使绿水系数在黑河中游的灌区部分出现了较为明显的增加。

本书研究通过分析气候变化、土地利用和灌溉不同情景下的蓝绿水变化规律,很好地诠释了黑河流域蓝绿水在气候和人类活动影响下的变化规律。但是本书研究尚存在以下不足之处。首先数据的相对缺乏影响了对结果的进一步分析。由于缺乏该流域详细的国民经济统计数据,所以对于人类活动的影响的原因分析还需进一步加强。其次,由于土地利用数据的不完善,使得情景的划分不够细致,对结果会造成一定影响。

从不同情景下的蓝绿水变化可以看出,在人类活动的影响下,蓝绿水之间存在着一定的转化关系。蓝水向绿水转换的过程大体如下:降水→蓝水流→水面和植物蒸腾→绿水流;而绿水流向蓝水流的转换过程大体如下:降水→绿水流→水汽凝结→二次降水→蓝水流。从这两个过程可以看出,蓝水流向绿水流的转换过程更为直接,而绿水流向蓝水流的转换需要经过二次降水来完成。本书只是简单的列出了蓝绿水转换的结果,但是蓝绿水的具体转换的详细过程和机理尚不明确。在实际环境中,水文和气候的过程以及变化是非常复杂的。所以进一步加强人类活动和气候变化条件下蓝绿水的转换机理和水文过程的研究,对于有效的提高干旱、半干旱地区水资源的利用效率具有重要的学术价值。

8.3　黑河流域蓝绿水历史演变趋势分析

通过使用不同的统计检验方法对黑河流域全流域、上中下游流域和子流域三种尺度上蓝绿水的变化趋势分析,得到以下结论:① 在 1960~2010 年,蓝水流和蓝绿水总量在全流域尺度上显著增长。在上游和中游地区,蓝水流的增加尤为显著。流域不同区域降水来源的不同,是造成蓝绿水空间变化趋势差异的主要原因。② 蓝水流、绿水流和蓝绿水总量的突变,主要是由降水和温度的突变造成的。上中下游地区的气候变化是造成该流域蓝绿水突变的最主要原因。③ 在全流域尺度上,蓝水流、绿水流和蓝绿水总量在未来将保持继续增加的趋势,而绿水系数则保持继续减少的趋势。在上中下游流域尺度,除了蓝水流,其他变量在未来将会和过去保持一致的变化趋势。而蓝水流在下游地区,未来将会出现增加的趋势。

综上所述,我们不仅分析了黑河流域全流域尺度上蓝水流、绿水流、蓝绿水总量和绿水系数的动态变化趋势,也具体分析了其在上中下游流域尺度和子流域尺度上的变化趋势及分布。该研究结果不仅可以为决策者、水资源管理者以及广大学者全面了解黑河流域水文水资源的变化状况及其原因提供参考信息,也可以为科学的管理中国干旱、半干旱地区内陆河流域的水资源提供必要的理论指导。但本书研究也存在以下问题:我们只使用了一种统计方法对蓝绿水、降水和温度的突变进行分析,这会对突变年的准确预测造成一定的误差。因此未来对突变年的研究,使用突变年份的区间会比使用单独一个突变年更加合理。同时,对于不同水汽循环对上中下游蓝绿水变化趋势的影响机制,以及对于突变的影响机理仍然需要进一步研究。

8.4　黑河流域蓝绿水在典型年份的时空差异

通过分析 1960~2010 年黑河流域及上中下游典型年份蓝绿水深度（单位面积上的蓝绿水量）的时空变化、绿水系数时空变化、蓝绿水总量，得出如下结论：① 黑河流域蓝绿水总深度呈现从上游到下游逐渐递减的趋势；蓝水和绿水深度也有着同样的变化趋势，这与黑河上、中、下游的气候条件是紧密相关的。② 黑河流域典型干旱年的蓝绿水都显著低于典型湿润年份，这是由黑河流域的降水的变化导致的。③ 黑河流域内的绿水系数呈现从上游到下游的递增趋势。同时，典型干旱年的绿水系数（90.30%）高于典型湿润年的绿水系数（85.41%）。所以干旱年蒸散消耗（绿水）占水资源的比例明显高于湿润年，而湿润年径流（蓝水）占水资源的比例明显高于干旱年。

黑河流域的绿水系数在干旱年份和下游地区较高，而在湿润的年份和上游地区相对较低。黑河流域多年平均绿水系数为 88.04%，平水年份为 88.32%，干旱年份为 90.30%，湿润年份为 85.41%。以平水年的绿水系数为基础来推断，黑河流域的年可利用水资源量约 88% 是以绿水形式参与水文循环的。该结果对于科学认识气候变化背景下蓝绿水资源的演化及合理管理干旱半干旱地区内陆河流域水资源尤其是绿水资源有着重要的科学意义。尽管本书对不同典型年份蓝绿水的时空分布进行了研究，但对流域的蓝绿水相互转换的机理和规律仍不明确，尚需进一步研究。加强这方面的研究，有助于更加合理有效地预防和治理一些地区在典型年份的旱灾与洪灾。尤其是对西北干旱地区内陆河流域的绿水及其利用的研究，有利于缓解这些地区的水资源短缺危机和生态系统平衡压力。因此，进一步深化干旱区内陆河流域的蓝绿水空间分布格局，探讨蓝水、绿水的转化规律，对解决干旱区关键水循环及生态系统科学问题，探讨流域水资源可持续利用和管理对策，实现流域可持续发展具有重要的理论和现实意义。

8.5　黑河流域蓝绿水资源的可持续性

本书计算了 2004~2006 年黑河流域蓝绿水足迹和灰水足迹，评价了流域的用水和水污染情况，分析了流域的水资源短缺情况以及月尺度上的蓝水利用的可持续性。研究结果表明：

黑河流域年均蓝绿水足迹为 17.68 亿 $m^3 \cdot a^{-1}$，其中 54% 的水足迹为绿水足迹，46% 为蓝水足迹；92% 来自作物产品，4% 来自牲畜产品，工业部门和生活部门各占 2%。年均灰水足迹为 42.22 亿 $m^3 \cdot a^{-1}$，其中，52% 来自农业部门，工业部门和生活部门各占 28% 和 20%。

黑河流域水量型缺水指标 I_{blue} 和水质型缺水指标 I_{grey} 值分别为 1.3 和 1.6，均超过各自的阈值 0.4 和 1.0，因此，黑河流域同时具有水量型和水质型水资源短缺问题。

黑河流域有 8 个月的蓝水足迹均远高于蓝水可利用量，蓝水资源的利用不具有可持续性。

8.6　蓝绿水研究的未来展望

本研究系统回答了"黑河流域有多少水？多少蓝水？多少绿水？如何分布？如何演变？"以及"黑河流域用多少水？多少蓝水？多少绿水？水资源利用的可持续性如何？"等问题，对黑河流域不同情景、不同尺度和不同年份的蓝绿水进行了多角度的诠释，基本弄清了该流域蓝绿水的时空分布格局和变化趋势。但自然-社会耦合系统中，水文过程的变化是非常复杂多变的。未来蓝绿水的研究需要进一步加强对蓝绿水相互转换机制的研究，尤其加强在人类活动条件下蓝绿水的相互转化，蓝绿水-虚拟水循环转化，水与社会相互作用机制，绿水与生态服务功能研究等，并注重探索绿水资源管理的途径与方法。这些研究，可以有效的提高干旱、半干旱地区水资源的利用效率和增加水资源的利用途径(图 8.1)。

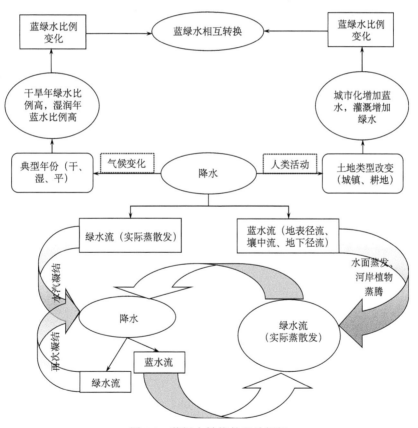

图 8.1　蓝绿水转换的理论框架

8.7　政 策 建 议

基于本书的研究结果，从以下四个方面提出黑河流域水资源保护与管理的政策建议：

（1）加强黑河流域蓝绿水的基础研究。黑河流域是我国典型的干旱半干旱内陆河流域，近年来随着自然科学基金委员会黑河重大研究计划的实施，流域水文研究取得了快速发展。但有关蓝绿水的研究不多，统筹考虑蓝水绿水进行流域水文过程监测、模拟和管理的基础研究还很匮乏，下一步应加强黑河流域蓝绿水方面的基础研究工作，研究自然-蓝绿水。

（2）加强对绿水资源的管理与调控。由于黑河流域超过 88%的水资源是以绿水的形式存在的，所以应该加强对绿水资源的重视。具体管理与调控措施可以有以下几点：①优化农作物种植结构，减少耗水作物的种植，尤其是在生长季有高蒸散能力的作物；②减少下游的农业生产活动，由于下游气温高、降水少，潜在蒸散能力强，下游地区的农业生产会消耗非常多的水资源。所以减少下游地区的农业生产，可以有效减少绿水的消耗。

（3）因地制宜的管理和配置水资源。黑河流域水资源呈现从上游到下游逐渐递减的趋势，根据黑河流域的用水情况，应该实施中游重点保障生产生活用水，下游保障生态用水的措施。在进行全流域水资源规划的同时要注意局部地区的特殊情况。我们的研究结果发现，存在局部一些子流域的水资源变化趋势和总体不一致情况。所以在进行全流域水资源管理规划的同时，也要重视局部地区的水资源变化的特殊性，要因地制宜地进行规划和管理。

（4）控制中游绿洲农业规模。由于绿洲农业耗水巨大，加强对绿洲农业生产规模的控制，可以有效节约水资源，减少绿水的消耗。

（5）加强对虚拟水研究的重视。由于黑河地区气候和地理位置的特殊性，造成了其资源性缺水的特性。减少耗水产品的出口，增加耗水产品的进口，是解决干旱、半干旱地区水资源短缺的有效途径。进行合理的水资源配置，兼顾生产、生活和生态用水。黑河流域水资源呈现从上游到下游逐渐递减的趋势，根据黑河流域的用水情况，应该实施中游重点保障生产生活用水，下游保障生态用水的措施。

主要参考文献

陈崇希. 2000. 关于地下水开采引发地面沉降灾害的思考. 水文地质工程地质, (1): 45~60

陈仁升, 康尔泗, 杨建平等. 2003. TOPMODEL 模型在黑河干流出山径流模拟中的应用. 中国沙漠, 23: 428~434

程国栋. 2003. 虚拟水——中国水资源安全战略的新思路. 中国科学院院刊, (4): 260~265

程国栋, 赵文智. 2006. 绿水及其研究进展. 地球科学进展, 03: 221~227

程国栋, 肖洪浪, 徐中民, 等. 2006. 中国西北内陆河水问题及其应对策略——以黑河流域为例. 冰川冻土, 28(3): 406~412

程磊, 徐宗学, 罗睿. 2009. SWAT 在干旱半干旱地区的应用——以窟野河流域为例. 地理研究, 28(1): 65~71

程玉菲, 王根绪, 席海洋等. 2007. 近 35a 来黑河干流中游平原区陆面蒸散发的变化研究. 冰川冻土, 29: 406~413

邓晓军, 谢世友, 崔天顺等. 2009. 南疆棉花消费水足迹及其对生态环境影响研究. 水土保持研究, 16(02): 176~180

丁松爽, 苏培玺. 2010. 黑河上游祁连山区植物群落随海拔生境的变化特征. 冰川冻土, 32: 829~836

方生, 陈秀玲. 2001. 地下水开发引起的环境问题与治理. 地下水, 23(l): 8~11

付奔, 金晨曦. 2012. 三种干旱指数在 2009~2010 年云南特大干旱中的应用比较研究. 人民珠江, 2(2): 4~6

付国伟, 程声通. 1985. 水污染控制系统规划. 北京: 清华大学出版社

盖力强, 谢高地, 李士美等. 2010. 华北平原小麦, 玉米作物生产水足迹的研究. 资源科学, 32(11): 2066~2071

甘肃省水务局(GSMWR). 1995~2009.甘肃省水资源公报

高洋洋, 左其亭. 2009. 植被覆盖变化对流域总蒸散发量的影响研究. 水资源与水工程学报, 20: 26~32

龚雪平, 郝媛媛, 许莎莎, 冯梅春, 孙国钧. 2012. 黑河流域水环境质量评价. 中国科技论文在线

郭军庭. 2012. 潮河流域土地利用/气候变化的水文响应研究. 北京: 北京林业大学, 18~39

郭巧玲, 杨云松, 畅祥生等. 2011. 1957~2008 年黑河流域径流年内分配变化. 地理科学进展, 30: 550~556

韩杰, 张万昌, 赵登忠. 2004. 基于 TOPMODEL 径流模拟的黑河水资源探讨. 农村生态环境, 20: 16~20

郝芳华, 张雪松, 程红光. 2003. 分布式水文模型亚流域合理划分水平刍议. 水土保持学报, 17(4), 75~78

贺缠生, Carlo D M, Thomas E C 等. 2009. 基于分布式大流域径流模型的中国西北黑河流域水文模拟. 冰川冻土(英文版), 03: 410~421

黄清华, 张万昌. 2004. SWAT 分布式水文模型在黑河干流山区流域的改进及应用. 南京林业大学学报 (自然科学版), 28: 22~26

贾文雄, 何元庆, 李宗省等. 2008. 近 50 年来河西走廊平原区气候变化的区域特征及突变分析. 地理科学, 28(4): 525~531

贾仰文, 王浩, 严登华. 2006a. 黑河流域水循环系统的分布式模拟(Ⅰ)——模型开发与验证. 水利学报, 37: 534~542

贾仰文, 王浩, 严登华. 2006b. 黑河流域水循环系统的分布式模拟(Ⅱ)——模型应用. 水利学报, 37: 655~661

金晓媚, 梁继运. 2009. 黑河中游地区区域蒸散量的时间变化规律及其影响因素. 干旱区资源与环境, 23: 88~93

鞠笑生, 杨贤为. 1997. 我国单站旱涝指标确定和区域旱涝级别划分的研究. 应用气象学报, 8(1): 26~32

蓝永超, 丁永建, 康尔泗. 2004. 近 50 年来黑河山区汇流区温度及降水变化趋势. 高原气象, 2(5): 723~727

李弘毅, 王根绪. 2008. SRM 融雪径流模型在黑河流域上游的模拟研究. 冰川冻土, 05: 669~775

李建新, 朱新军, 于磊. 2010. SWAT 模型在海河流域水资源管理中的应用. 海河水利, (5): 46~49

李万寿. 2001. 黑河流域水资源可持续利用研究. 水文水资源, 22(4): 17~20

李相虎, 贾新颜, 黄天明. 2004. 干旱区水环境质量评价的模糊数学法. 干旱区资源与环境, 18(8): 163~167

李小雁. 2008. 流域绿水研究的关键科学问题. 地球科学进展, 07: 707~712

李新, 周宏飞. 1998. 人类活动干预后的塔里木河水资源持续利用问题. 地理研究, 17(2): 171~177

李占玲. 2009. 黑河上游山区流域径流模拟与模型不确定性分析. 北京: 北京师范大学博士研究生学位论文, 14~29

李志, 刘文兆, 张勋昌等. 2010. 黄土塬区坡面土壤侵蚀对全球气候变化的响应. 水土保持通报, (01): 1~6

刘昌明, 李云成. 2006. "绿水"与节水: 中国水资源内涵问题讨论. 科学对社会的影响, 16~20

刘鹄, 唐何. 2011. 黑河上游山区土壤非饱和导水率测定及其估算——以排露沟流域为例. 生态学杂志, 30: 177~182

刘少玉, 张光辉, 张翠云等. 2008. 黑河流域水资源系统演变和人类活动影响. 吉林大学学报(地球科学版), 38: 806~813

刘艳艳, 张勃, 张耀宗, 等. 2009. 黑河流域近 46 年日照时数的气候变化特征及其影响因素. 干旱区资源与环境, 23: 72~77

宁宝英, 何元庆, 和献中, 李宗省. 2008. 黑河流域水资源研究进展. 中国沙漠, 28(6): 1180~1185

庞靖鹏, 徐宗学, 刘昌明. 2007. SWAT 模型研究应用进展. 水土保持研究, 03: 31~35

邱国玉. 2008. 陆地生态系统中的绿水资源及其评价方法. 地球科学进展, 07: 713~722

任建民, 件彦卿, 贡力. 2007. 人类活动对内陆河石羊河流域水资源转化的影响. 干旱区资源与环境, 21(8): 7~11

仕玉治. 2011. 气候变化及人类活动对流域水资源的影响及实例研究. 大连: 大连理工大学博士研究生学位论文, 12~25

孙永亮, 徐宗学, 苏保林, 等. 2010. 变化情景下的漳卫南运河流域水景水质模拟. 北京师范大学学报

(自然科学版), 03: 387～394

田辉, 文军, 马耀明等. 2009. 夏季黑河流域蒸散发量卫星遥感估算研究. 水科学进展, 20: 18～24

王浩, 贾仰文, 王建华, 等. 2005. 人类活动影响下的黄河流域水资源演化规律初探. 自然资源学报, 20(2): 157～162

王金叶, 王彦辉, 于澎涛等. 2006. 祁连山林草复合流域降水规律的研究. 林业科学研究, 19(4): 416～422

王录仓, 张晓玉. 2010. 黑河流域近期气候变化对水资源的影响分析. 干旱区资源与环境, 04: 60～65

王盛萍. 2007. 典型小流域土地利用与气候变异的生态水文响应研究仁. 北京: 北京林业大学博士研究生学位论文, 42～55

王西琴, 刘昌明, 张远. 2006. 基于二元水循环的河流生态需水量与水质综合评价方法——以辽河流域为例. 地理学报, 61(11): 1132～1140

王晓燕, 秦福来, 欧洋等. 2008. 基于 SWAT 模型的流域非点源污染模拟——以密云水库北部流域为例. 农业环境科学学报, 27(3): 1098～1105

王中根, 刘昌明, 黄友波. 2003. SWAT 模型的原理、结构及应用研究. 地理科学进展, 22: 79～86

王中根, 朱新军, 夏军等. 2008. 海河流域分布式 SWAT 模型的构建. 地理科学进展, 27(4): 1～6

魏怀斌, 张占庞, 杨金鹏. 2007. SWAT 模型土壤数据库建立方法. 水利水电技术, 38: 15～18

温志群, 杨胜天, 宋文龙等. 2010. 典型喀斯特植被类型条件下绿水循环过程数值模拟. 地理研究, 29: 1841～1852

吴洪涛, 武春友, 郝芳华等. 2009. 绿水的多角度评估及其在碧流河上游地区的应用. 资源科学, 03: 420～428

吴锦奎, 丁永建, 沈永平. 2005. 黑河中游地区湿草地蒸散量试验研究. 冰川冻土, 27: 582～591

夏军, 左其亭. 2009. 国际水文科学研究的新进展. 地球科学进展, 03: 256～261

夏军, 王中银, 严冬, 等. 2006. 针对地表水来用水情况的水量水质联合评价方法. 自然资源学报, 21(1): 146～153

夏星辉, 杨志峰, 沈珍瑶. 2005. 从水质水量相结合的角度再论黄河的水资源. 环境科学学报, 25(5): 595～600

肖洪浪, 陈国栋. 2006. 黑河流域水问题与水管理的初步研究. 中国沙漠, 26(1): 1～5

肖生春, 肖洪浪. 2004. 近百年来人类活动对黑河流域水环境的影响. 干旱区资源与环境, 18(3): 57-62

肖生春, 肖洪浪, 蓝永超等. 2011. 近50a来黑河流域水资源问题与流域集成管理. 中国沙漠. (02): 529～535.

徐宗学, 程磊. 2010. 分布式水文模型研究与应用进展. 水利学报, 09: 1009～1017

徐宗学, 李占玲. 2010. 黑河流域上游山区径流模拟及模型评估. 北京师范大学学报(自然科学版), 46: 344～349

徐宗学, 左德鹏. 2012. 渭河流域蓝水绿水资源量多尺度综合评价. 中国水利技术信息中心《2012全国水资源合理配置与优化调度技术专刊》, 139～155

徐宗学, 左德鹏. 2013. 拓宽思路,科学评价水资源量——以渭河流域蓝水绿水资源量评价为例. 南水北调与水利科技, 11(1): 12～17

杨明金, 张勃, 王海青, 等. 2009. 黑河流域1950～2004年出山径流变化规律分析. 资源科学, 03: 413～

419

袁军营, 苏保林, 李卉等. 2010. 基于 SWAT 模型的柴河水库流域径流模拟研究. 北京师范大学学报(自
　　然科学版), 46(3): 361~365

袁文平, 周广胜. 2004. 标准化降水指标与 Z 指数在我国应用的对比分析. 植物生态学报, 28(4)523~529

张辉. 2009. 气候变化和人类活动对黑河流域水资源的影响. 兰州: 兰州大学博士研究生学位论文, 22~
　　45

张应华, 仵彦卿. 2009. 黑河流域中游盆地地下水补给机理分析. 中国沙漠, 29: 370~375

张永勇, 王中根, 于磊, 等. 2009. SWAT 水质模块的扩展及其在海河流域典型区的应用. 资源科学, (1):
　　94~100

赵建忠, 魏莉莉, 赵玉苹. 2010. 黑河流域地下水与地表水转化研究进展. 西北地质, 43: 120~126

赵微. 2011. 土地整理对区域蓝绿水资源配置的影响. 中国人口·资源与环境, 21: 44~49

赵映东, 贾小明, 谢建丽等. 2009. 气候变化对黑河流域水资源影响分析. 中国水利, 17~20

甄婷婷, 徐宗学, 程磊等. 2010. 蓝水绿水资源量估算方法及时空分布规律研究——以卢氏流域为例.
　　资源科学, 32(6): 1177~1183.

中国环保部(MEPC). 2002. GB 3838~2002, 中华人民共和国国家标准—地表水环境质量标准. 北京: 中
　　国标准出版社

中国水利部(MWRC). 1995~2009. 中国水资源公报

中华人民共和国国家统计局(NBS). 1995~2009. 中国统计年鉴. 北京: 中国统计出版社

中华人民共和国国家统计局(NBS). 2000. 新中国五十年农业统计资料. 北京: 中国统计出版社

中华人民共和国水利部. 2002. 黑河流域近期治理规划. 北京: 水利水电出版社. 12~30

周剑, 王根绪, 赵洁. 2009. 黑河流域中游地下水时空变异性分析及其对土地利用变化的响应. 自然资
　　源学报, 03: 498~506

竹磊磊, 李娜, 常军. 2010. SWAT 模型在半湿润区径流模拟中的适用性研究. 人民黄河, (12): 59~61

资源和环境数据中心(RESDC). 2012. 中国 1 公里土地利用和水资源分布图. 北京: 中国科学院

Abbaspour K C. 2007. User Manual for SWAT-CUP, SWAT Calibration and Uncertainty Analysis Programs .
　　Swiss Federal Institute of Aquatic Science and Technology, Eawag, Duebendorf, Switzerland, 93

Abbaspour K C, Yang J, Maximov I, et al. 2007. Modelling hydrology and water quality in the
　　pre-Alpine/Alpine Thur watershed using SWAT . Journal of Hydrology, 333: 413~430

Alcamo J, Döll P, Henrichs T, Kaspar F, Lehner B, Rösch T, Siebert S. 2003. Global estimates of water
　　withdrawals and availability under current and future "business-as-usual" conditions. Hydrology
　　Science Journal, 48: 339~348

Alcamo J, Henrichs T, Rösch T. 2000. World water in 2025-Global modeling and scenario analysis for the
　　world commission on water for the 21st century . Report A0002, Center for Environmental Systems
　　Research, University of Kassel, Kurt Wolters Strasse 3, 34109 Kassel, Germany

Aldaya M M, Hoekstra A Y. 2010. The water needed for Italians to eat pasta and pizza . Agricultural Systems,
　　103: 351~360

Aldaya M M, Garrido A, Llamas M R, Varelo-Ortega C, Novo P, Casado R R. 2010. Water Footprint and
　　Virtual Water Trade in Spain, Water Policy in Spain. Leiden: CRC Press. 49~59

Allen R G, Pereira L S, Raes D, Smith M. 1998. Crop Evapotranspiration: Guidelines for Computing Crop Water Requirements. Irrigation and Drainage Paper, Food and Agriculture Organization of the United Nations, Rome, Italy, 300

Allen R G, Periera L S, Smith M. 1990. Crops evapotranspiration guidelines for computing crop water requirements. FAO Irrigation and Drainage, 56

Alley R B, Marotzke J, Nordhaus W D. 2003. Abrupt climate change. Science, 299: 2005~2010

Arnold J G, Fohrer N. 2005. SWAT2000: Current capabilities and research opportunities in applied watershed modeling. Hydrological Processes, 3: 563~572

Arnold J G, Srinivasan R S, Muttiah J R, et al. 1998. Large area hydrologic modeling and assessment. Part I: Model development. Journal of the American Water resources Association, 34: 73~89

Bern M, Dobkin D, Eppstein D. 1992. Triangulating polygons without large angles. Proc. Annual ACM Symp. Computational Geometry & Apllications, 8: 222~231

Bulsink F, Hoekstra A Y, Booij M. 2010. The water footprint of Indonesian provinces related to the consumption of crop products. Hydrology and Earth System Sciences, 14: 119~128

Burn D H, Hag Elnur M A. 2002. Detection of hydrologic trends and variability. Journal of Hydrology, 255: 107~122

Chapagain A K, Hoekstra A Y, Savenije H H G, Gautam R. 2006. The water footprint of cotton consumption: An assessment of the impact of worldwide consumption of cotton products on the water resources in the cotton producing countries. Ecol Econ, 60: 186~203

Chapagain A K, Hoekstra A Y. 2004. Water footprints of nations. Value of Water Research Report Series No. 16, UNESCO-IHE, Delft, the Netherlands. Available at: http: //www. waterfootprint. org/ Reports/ Report16 Vol1. pdf, last access date: 29/3/2012

Chapagain A K, Hoekstra A Y. 2007. The water footprint of coffee and tea consumption in the Netherlands. Ecological Economics, 64: 109~118

Chapagain A K, Hoekstra A Y. 2010. The green, blue and grey water footprint of rice from both a production and consumption perspective. Value of Water Research Report Series No. 40, UNESCO-IHE, Delft, Netherlands. Available at: www. http://waterfootprint. org/Reports/Report40-Water Footprint Rice. pdf

Chapagain A K, Hoekstra A Y. 2011. The blue, green and grey water footprint of rice from production and consumption perspectives. Ecol Econ, 70: 749~758

Chapagain A K, Hoekstra A Y, Savenije H H G, Gautam R. 2006. The water footprint of cotton consumption: An assessment of the impact of worldwide consumption of cotton products on the water resources in the cotton producing countries. Ecol Econ, 60: 186~203

Chapagain A K, Orr S. 2008. UK water footprint: the impact of the UK's food and fibre consumption on global water resources. WWF-UK, Godalming, UK, August. Available at: http: //www. waterfootprint. org/Reports/Orr%20and%20Chapagain%202008%20UK%20waterfootprint-vol1. pdf, last access date: 29/3/2012

Chen Y, Zhang D, Sun Y, Liu X, Wang N, Savenije H H G. 2005. Water demand management: a case study of the Heihe River Basin in China. Physics and Chemistry of the Earth, Parts A/B/C, 30: 408~419

Eckhardt K, Haverkamp S, Fohrer N, et al. 2002. SWAT-G, a version of SWAT99. 2 modified for application to low mountain range catchments. Physics and Chemistry of the Earth, Parts A/B/C, 27(9): 641～644

Ercin A E, Aldaya M M, Hoekstra A Y. 2011. Corporate water footprint accounting and impact assessment: The case of the water footprint of a sugar-containing carbonated beverage. Water Resour Manag, 25: 721～741

Ercin A E, Mekonnen M M, Hoekstra A Y. 2012. The water footprint of France. Value of Water Research Report Series No. 56, UNESCO-IHE, Delft, the Netherlands. Available at: http: //www. waterfootprint. org/Reports/Report56-WaterFootprintFrance. pdf, last access date: 29/3/2012

Falconer R A, Norton M R, Fernando H J S, Klaić Z, McCulley J L. 2012. Global Water Security: Engineering the Future. National Security and Human Health Implications of Climate Change. NATO Science for Peace and Security Series C: Environmental Security, Springer Netherlands, 261～269

Falkenmark M. 1995. Coping with water scarcity under rapid population growth. Conference of SADC Minister, Pretoria, November, 23～24

Falkenmark M. 2003. Freshwater as shared between society and ecosystems: from divided approaches to integrated challenges. Philosophical Transaction, 358: 2037～2049

Falkenmark M, Rockström J. 2006. The new blue and green water paradigm: breaking new ground for water resources planning and management. Journal of Water Resources Planning and Management, 3: 129～132

FAO. 2005. New LocClim, Local Climate Estimator CD-ROM. Food and Agriculture Organization of the United Nations, Rome, Italy. Available at : http: //www. fao. org/nr/climpag/pub/en3_051002_en. asp, last access date: 1/3/2012

FAO. 2010. Global map maximum soil moisture-at 5 arc minutes, GeoNetwork grid database. Food and Agriculture Organization of the United Nations, Rome, Italy. Available at: http: //www. fao. org/ geonetwork/srv/en/metadata. show?id=5018&currTab=summary, last access date: 1/3/2012

Faramarzi M, Abbaspour K C, Schulin R, Yang H. 2009. Modelling blue and green water resources availability in Iran. Hyrological Processes, 23: 486～501

Feidas H, Makrogiannis T, Bora S E. 2004. Trend analysis of air temperature time series in Greece and their relationship with circulation using surface and satellite data: 1955–2001. Theoretical and Applied Climatology, 79: 185～208

Feng K, Siu Y L, Guan D, Hubacek K. 2012. Assessing regional virtual water flows and water footprints in the Yellow River Basin, China: A consumption based approach. Applied Geography, 32(2): 691～701

Fontaine R. 2001. Surface Water Quality-Assurance Plan for the Hawaii District of the U. S. Geological Survey. U. S. Geologeical Survey Open-File Report, Honolulu, Hawaii, 1～75. Available at: http: //hi. water. usgs. gov/publications/pubs/ofr/ofr2001-75. pdf

Gassman P W, Arnold J G, Srinivasan R, et al. 2010. The world wide use of the SWAT model. Technological driver, networking impacts, and simulation trends. Transactions of the ASABE, 50(4): 1211

Gassman P W, Reyes M R, Green C H. 2007. The soil and water assessment tool: historical development, applications, and future research directions. Transactions of Asabe, 500(4):1211～1250

Gerald A M, Francis Z, Jenni E. 2000. Trends in extreme weather and climate events: issues related to modeling extremes in projections of future climate change. American Meteorological Society, 81(3): 427~436

Gerten D, Hoff H, Bondeau A. 2005. Contemporary green water flows: Simulations with a dynamic global vegetation and water balance model. Physics and Chemistry of the Earth, 30: 334~338

Gilbert R O. 1987. Statistical methods for environmental pollution monitoring. Van Nostrand Reinhold, New York, 12~20

Gleick P H. 1998. A look at twenty-first century water resources development. Water International, 25: 127~138

Hao X M, Chen Y N, Xu C C, et al. 2008. Impacts of climate change and human activities on the surface runoff in the Tarim River basin over the last fifty years. Water Resourees Management, 22(9): 1159~1171

Hargreaves G L, Asce A M, Hargreaves G H, et al. 1985. Agricultural benefits for Senegal River Basin. Journal of Irrigation and Drainage Engineering, 111: 113~124

Henderson B. 2006. Exploring between site differences in water quality trends: a functional data analysis approach. Environmetrics, 17: 65~80

Hoekstra A Y. 2003. Virtual water trade: proceedings of the international expert meeting on virtual water trade. Value of Water Research Report Series No. 12, UNESCO-IHE, Delft, the Netherlands. Available at: http: //www. waterfootprint. org/Reports/Report12. pdf, last access date: 1/3/2012

Hoekstra A Y, Chapagain A K. 2007. Water footprints of nations: water use by people as a function of their consumption pattern. Water Resources Management, 21: 35~48

Hoekstra A Y, Chapagain A K. 2008. Globalization of Water: Sharing the Planet's Freshwater Resources. Oxford: Blackwell Publishing, Oxford

Hoekstra A Y, Hung P Q. 2002. Virtual water trade: a quantification of virtual water flows between nations in relation to international crop trade. Value of Water Research Report Series 11, UNESCO-IHE, Delft, the Netherlands

Hoekstra A Y, Mekonnen M M. 2012. The water footprint of humanity. Proceedings of the National Academy of Sciences, 109: 3232~3237

Hoekstra A Y, Chapagain A K, Aldaya M M, Mekonnen M M. 2011. The Water Footprint Assessment Manual: Setting the Global Standard. London: Earthscan

Hoekstra A Y, Mekonnen M M, Chapagain A K, Mathews R E, Richter B D. 2012. Global monthly water scarcity: blue water footprints versus blue water availability. PLoS ONE, 7(2): e32688

Jansson F C, Rockström J, Gordon L. 1999. Linking Freshwater Flows and Ecosystem Services Appropriated by People: The Case of the Baltic Sea Drainage Basin. Ecosystems, 351~366

Jewitt G P W, Garratt J A, Calder I R, et al. 2004. Water resources planning and modelling tools for the assessment of land use change in the Luvuvhu Catchment, South Africa. Physics and Chemistry of the Earth, 15(18): 1233~1241

Jin W X, Liang J. 2009. The Temporal change of regional evapotraspiration and the impact factors in middle stream of the Heihe River Basin. Journal of Arid Land Resources and Environment, 23(3): 88~92

Karpouzos D K, Kavalieratou S C. 2010. Trend Analysis of Precipitation Data in Pieria Region(Greece). European Water, 30: 31~40

Kubilius K, Melichov D. 2008. On estimation of the Hurst index of solutions of stochastic integral equations , Liet Mat Rink, LMD Darbai, 48-49: 401~406

Kundzewicz Z W, Mata L J, Arnell N W. 2008. The implications of projected climate change for freshwater resources and their management. Hydrological Sciences Journal, 53(1): 3~10

Lannerstad F. 2005. Interactive comment on "Consumptive water use to feed humanity-curing a blind spot" by M. Falkenmark and M. Lannerstad. Hydrology and Earth System Sciences, Discuss, 1: 20~28

Li N, Li J, Yu S. 2011. Effect of permafrost degradation on hydrological processes in typical basins with various permafrost coverage in Western China. Science China Earth Sciences, 54: 615~624

Li S B. 2010. Satellite-based actual evapotranspiration estimation in the middle reach of the Heihe River Basin using the SEBAL method. Hydrological Processes, 24: 3337~3344

Li Z L, Shao Q X, Xu Z X, et al. 2010. Analysis of parameter uncertainty in semi-distributed hydrological models using bootstrap method: A case study of SWAT model applied to Yingluoxia watershed in northwest China. Journal of Hydrology, 385: 76~83

Li Z L, Xu Z X. 2011. Detection of change points in temperature and precipitation time series in the Heihe River Basin over the past 50 years. Resources Science, 33(10): 1877~1882

Li Z L, Xu Z X, Li J Y. 2008. Shift trend and step changes for runoff time series in the Shiyang River Basin, northwest China. Hydrological Processes, 22: 4639~4646

Li Z L, Xu Z X, Shao Q X, et al. 2009. Parameter estimation and uncertainty analysis of SWAT model in upper reaches of the Heihe river Basin. Hydrological Processes, 23: 2744~2753

Li Z, Zhang X C, Zheng F L. 2010. Assessing and regulating the impacts of climate change on water resources in the Heihe watershed on the Loess Plateau of China. Science China Earth Sciences, 53: 710~720

Liu J G, Zang C F, Tian S Y, et al. 2013. Water conservancy projects in China: Achievements, challenges and way forward. Global Environmental Change(in press), 23(3): 633~643

Liu J, Savenije H H G. 2008. Food consumption patterns and their effect on water requirement in China. Hydrology and Earth System Sciences, 12: 887~898

Liu J, Yang H. 2009. Consumptive water use in cropland and its partitioning: A high-resolution assessment. Science in China Series E Technological Sciences, 52

Liu J, Yang H. 2010. Spatially explicit assessment of global consumptive water uses in cropland: Green and blue water. Journal of Hydrology, 384: 187~197

Liu J, Christian F, Yang H, et al. 2013. A global and spatially explicit assessment of climate change impacts on crop production and consumptive water use. PLoS One, 8(2): e57750

Liu J, You L, Amini M, Obersteiner M, Herrero M, Zehnder A J B, Yang H. 2010. A high resolution assessment on global nitrogen flows incropland. PNAS, 107(17): 803~8040

Liu J, Zehnder A J B, Yang H. 2007. Historical trends in China's virtual water trade. Water International, 32: 78~90

Liu J, Zehnder A J B, Yang H, et al. 2009. Global consumptive water use for crop production: The importance of green water and virtual water. Water Resources Research, 45(5): 641~648

Liu X, Ren L, Yuan F. 2009. Quantifying the effect of land use and land cover changes on green water and blue water in northern part of China. Hydrology and Earth System Sciences, 6(13): 735~747

Liu Y, Zhang B, Zhang Y, et al. 2009b. Climatic change of sunshine duration and its influencing factors over Heihe River Basin during the last 46 years. Journal of Arid Land Resources and Environment, 23: 72~77

Liu Z, Todini E. 2002. Towards a comprehensive physically based rainfall-runoff model. Hydrology and Earth System Sciences, 6(5): 859~881

Ma J, Hoekstra A Y, Wang H, Chapagain A K, Wang D. 2006. Virtual versus real water transfers within China. Phil Trans R Soc Lond B, 361(1469): 835~842

Ma W, Ma Y, Hu Z, et al. 2011. Estimating surface fluxes over middle and upper streams of the Heihe River Basin with ASTER imagery. Hydrology and Earth System Science, 15: 1403~1413

Ma Z M, Kang S Z, Zhang L, et al. 2008. Analysis of impacts of climate variability and human activity on stream flow for a river basin in arid region of northwest China. Journal of Hydrology. 352(3-4): 239~249

Mann H B. 1945. Non-parametric tests against trend. Econometrica, 13: 245~259

Mekonnen M M, Hoekstra A Y. 2010. A global and high-resolution assessment of the green, blue and grey water footprint of wheat. Hydrology and Earth System Scences, 14: 1259~1276

Mekonnen M M, Hoekstra A Y. 2011. The green, blue and grey water footprint of crops and derived crop products. Hydrology and Earth System Sciences, 15(5): 1577~1600

Mekonnen M M, Hoekstra A Y. 2012. A global assessment of the water footprint of farm animal products. Ecosystems, 15: 401~415

Nash J E, Sutcliffe J V. 1970. River flow forecasting through con-ceptual models, Part I – a discussion of principles. Journal of Hydrology, 10: 282~290

Neitsch S L, Arnold J G, Kiniry R, et al. 2002. Soil and water assessment tool user's manual version 2000. Texas Water Resources Institute, College Station, Texas

Neitsch S L, Arnold J G, Kiniry R, et al. 2004. Soil and Water Assessment Tool Input/Output File Documentation Version 2005. Grassland, Soil and Water Research Laboratory Angriculture Research Services & Black Land Research Center Texas Agricultual Experiment station: 50~80

Oki T, Kanae S. 2006. Global hydrological cycles and world water resources. Science, 313: 1068~1072

Piao S L, Ciais P E, Fang J Y, et al. 2010. The impacts of climate change on water resources and agriculture in China. Nature, 467: 43~51

Postel S L, Daily G C, Ehrlich P R. 1996. Human appropriation of renewable fresh water. Science, 5250: 785~788

Ren L L, Wang M R, Li C H, et al. 2002. Impaets of human activity on river runoff in the northern area of China. Journal of Hydrology, 261(1-4): 204~217

Rockstrtöm J. 1999. On farm green water estimates as a tool for increased food production in water scarcity regions. Physics and Chemiistry of the Earth(B), 24: 375～383

Rockström J. 2009. Future water availability for global food production: The potential of green water for increasing resilience to global change. Water Resources Research, 45(7): W00A12

Rockström J, Gordon L. 2001. Assessment of green water flows to sustain major biomes of the world: Implications for future ecohydrological landscape management. Physics and Chemistry of the Earth, Part B: Hydrology, Oceans and Atmosphere, 11(12): 843

Rockström J, Lannerstad M F M. 2007. Assessing the water challenge of a new green revolution in developing countries. Proceedings of the National Academy of Sciences of the United States of America, 15: 6253～6260

Rockström J, Karlberg L, Wani S P, et al. 2010. Managing water in rainfed agriculture-The need for a paradigm shift. Agricultural Water Management, 4: 543～550

Rost S, Gerten D, Bondeau A, et al. 2008. Agricultural green and blue water consumption and its influence on the global water system. Water Resources Research, 44

Rudi J, Vander E, Savenije H, Bettina S. 2010. Origin and fate of atmospheric moisture over continents. Water Resources Research, 46: 1～12

Sakalauskiene G. 2003. The Hurst phenomenon in hydrology. Environmental Research Engineering and Management, 3: 16～20

Schuol J, Abbaspour K C, Yang H, et al. 2008. Modeling blue and green water availability in Africa. Water Resources Research, 44

Seiler B A, Haye L, Bressan. 2002. Using the standard rized precipitation index for flood risk monitoring. International. Journal of Climatology, 22: 1365～1376

Sen P K. 1968. Estimates of the regression coefficient based on Kendall's tau. Journal of the American Statistical Association, 39: 1379～1389

Shao Q X, Campbell N A. 2002. Modelling trends in groundwater levels by segmented regression with constraints , Australian & New Zealand Journal of Statistics, 44: 129～141

Shao Q X, Li Z, Xu X. 2009. Trend detection in hydrological time series by segment regression with application to Shiyang River Basin. Stochastic Environmental Research & Risk Assessment, 24(2): 221～223

Siriwardena L, Finlayson B L, Me M T A. 2006. The impact of land use chang on catehment hydrology in large catehments: The Comet River, Central Queens land, Australia. Journal of Hydrology, 326(1-4): 199～214

Sluter R. 2009. Interpolation methods for climate data literature review Intern rapport. IR 04

Stonefelt M D, Fontaine T A, Hotchkiss R H. 2000. Impacts of climate change on water yield in the Upper Wnd River Basin. Journal of the American Water Resources Association, 36(2): 321～336

Sullivan C A, Meigh J R, Giacomello A M, et al. 2003. The water poverty index: development and application the community scale. Natural Resources Forum, 27: 189～199

Sun G, Wang X L. 2011. Estimation of surface soil moisture and roughness from multi-angular ASAR imagery in the Watershed Allied Telemetry Experimental Research(WATER). Hydrology Earth System

Science, 15: 1415~1426

Thanapakpawin P, Riehey J, Thomas D, et al. 2006. Effects of landuse change on the hydrologic regime of the MaeChaem River Basin, NW Thailand. Journal of Hydrology, 3 34: 215~230

Timo S, Määttä A, Anttila P. 2002. Detecting trends of annual values of atmospheric pollutants by the Mann-Kendall test and Sen's slope estimates-the Excel template application MAKESENS. finnish meteorological institute. Air Quality Research, 31(1456-789X): 1~26

Vörösmarty C J, Green P, Salisbury J. 2000. Global Water Resources: Vulnerability from Climate Change and Population Growth. Science, 289(5477): 284~288

Wang G X, Cheng G D, Du M Y, 2003. The impacts of human activity on hydrological processes in the arid zones of the Hexi Corridor, northwest China, in the past 50 years. Water Resources Systems——Water vailability and Global Change(Proceedings of symposium HS02a held during IUGG2003 al Sapporo. July 2003). IAHS Publ, 280: 93~103

Wang X P. 2011. Analysis of temporal trends in potential evaportranspiration over Heihe River Basin. water resource and environmental protection(ISWREP), International Symposium on, 15~20

Williams M A J. 2009. Human impact on the Nile Basin: past, present, future. Springer Science + Business Media B V, 771~777

Wouter B, Rolando C, Bert D B, et al. 2006. Human impact on the hydrology of the Andean pa'ramos. Earth Seienee Reviews, 79: 53~72

Wu J k, Ding Y, Yang X, et al. 2010. Spatio-temporal variation of stable isotopes in precipitation in the Heihe River Basin, Northwestern China. Environ Earth Science, 61: 1123~1134

Xu Y, Ding Y H, Zhao Z C. 2003. A Scenario of Seasonal Climate Change of the 21st Century in Northwest China. Climatic and Environmental Research, 8(1): 19~26

Yang J, Reichert P, Abbaspour K C, et al. 2007. Hydrological modelling of the Chaohe Basin in China: statistical model formulation and bayesian inference. Journal of Hydrology, 340: 167~182

Yang J, Reichert P, Abbaspour K C, et al. 2008. Comparing uncertainty analysis techniques for a SWAT application to Chaohe Basin in China. Journal of Hydrology, 358: 1~23

Yin Y Y. 2006. Vulnerability and Adaptation to Climate Variability and Change in Western China. A Final Report Submitted to Assessments of Impacts and Adaptations to Climate Change(AIACC), Project No. AS 25 Published by the International START Secretariat 2000 Florida Avenue, NW Washington, DC 20009 USA(www. start. org), 22~28

Zang C F, Liu J, Van der Velde M, et al. 2012. Assessment of spatial and temporal patterns of green and blue water flows under natural conditions in inland river basins in Northwest China. Hydrology Earth System Science, 16(8): 2859~2870

Zarate E, et al. 2010. WFN grey water footprint working group final report: A joint study developed by WFN partners. Water Footprint Network, Enschede, Netherlands

Zhang D. 2003. Virtual water trade in China with a case study for the Heihe River Basin. Master thesis, UNESCO-IHE, Delft, Netherlands

Zhang Y L, Xia J. 2008. Assessment of dam impacts on river flow regimes and water quality: a case study of the Huai River Basin in P. R. China. Journal of Chongqing University(English Edition), 04: 261～276

Zhao C, Nan Z, Cheng G. 2005. Methods for estimating irrigation needs of spring wheat in the middle Heihe Basin, China. Agricultural Water Management, 75: 54～70

Zhao X, Yang H, Yang Z, Chen B, Qin Y. 2010. Applying the input-output method to account for water footprint and virtual water trade in the Haihe River Basin in China. Environmental Science & Technology, 44: 9150～9156

Zhou J, Hu B, Cheng G D, et al. 2011. Development of a three-dimensional watershed modelling system for water cycle in the middle part of the Heihe rivershed, in the west of China. Hydrological Processes, 25: 1964～1978

附录 A 国家最新土地利用分类

附表 A-1 土地利用现状分类 I

一级类		二级类		含义
编码	名称	编码	名称	
01	耕地			指种植农作物的土地，包括熟地，新开发、复垦、整理地，休闲地（含轮歇地、轮作地）；以种植农作物（含蔬菜）为主，间有零星果树、桑树或其他树木的土地；平均每年能保证收获一季的已垦滩地和海涂。耕地中包括南方宽度<1.0 米、北方宽度<2.0 米固定的沟、渠、路和地坎（埂）；临时种植药材、草皮、花卉、苗木等的耕地，以及其他临时改变用途的耕地
		011	水田	指用于种植水稻、莲藕等水生农作物的耕地。包括实行水生、旱生农作物轮种的耕地
		012	水浇地	指有水源保证和灌溉设施，在一般年景能正常灌溉，种植旱生农作物的耕地。包括种植蔬菜等的非工厂化的大棚用地
		013	旱地	指无灌溉设施，主要靠天然降水种植旱生农作物的耕地，包括没有灌溉设施，仅靠引洪淤灌的耕地
02	园地			指种植以采集果、叶、根、茎、汁等为主的集约经营的多年生木本和草本作物，覆盖度大于 50%或每亩株数大于合理株数 70%的土地。包括用于育苗的土地
		021	果园	指种植果树的园地
		022	茶园	指种植茶树的园地
		023	其他园地	指种植桑树、橡胶、可可、咖啡、油棕、胡椒、药材等其他多年生作物的园地
03	林地			指生长乔木、竹类、灌木的土地，及沿海生长红树林的土地。包括迹地，不包括居民点内部的绿化林木用地，铁路、公路征地范围内的林木，以及河流、沟渠的护堤林
		031	有林地	指树木郁闭度≥0.2 的乔木林地，包括红树林地和竹林地
		032	灌木林地	指灌木覆盖度≥40%的林地
		033	其他林地	包括疏林地（指树木郁闭度≥0.1、<0.2 的林地）、未成林地、迹地、苗圃等林地
04	草地			指生长草本植物为主的土地
		041	天然牧草地	指以天然草本植物为主，用于放牧或割草的草地
		042	人工牧草地	指人工种植牧草的草地
		043	其他草地	指树木郁闭度<0.1，表层为土质，生长草本植物为主，不用于畜牧业的草地

附表 A-2 土地利用现状分类 II

一级类		二级类		含义
编码	名称	编码	名称	
05	商服用地			指主要用于商业、服务业的土地
		051	批发零售用地	指主要用于商品批发、零售的用地。包括商场、商店、超市、各类批发（零售）市场，加油站等及其附属的小型仓库、车间、工场等的用地
		052	住宿餐饮用地	指主要用于提供住宿、餐饮服务的用地。包括宾馆、酒店、饭店、旅馆、招待所、度假村、餐厅、酒吧等
		053	商务金融用地	指企业、服务业等办公用地，以及经营性的办公场所用地。包括写字楼、商业性办公场所、金融活动场所和企业厂区外独立的办公场所等用地
		054	其他商服用地	指上述用地以外的其他商业、服务业用地。包括洗车场、洗染店、废旧物资回收站、维修网点、照相馆、理发美容店、洗浴场所等用地
06	工矿仓储用地			指主要用于工业生产、物资存放场所的土地
		061	工业用地	指工业生产及直接为工业生产服务的附属设施用地
		062	采矿用地	指采矿、采石、采砂（沙）场，盐田，砖瓦窑等地面生产用地及尾矿堆放地
		063	仓储用地	指用于物资储备、中转的场所用地
07	住宅用地			指主要用于人们生活居住的房基地及其附属设施的土地
		071	城镇住宅用地	指城镇用于生活居住的各类房屋用地及其附属设施用地。包括普通住宅、公寓、别墅等用地
		072	农村宅基地	指农村用于生活居住的宅基地
08	公共管理与公共服务用地			指用于机关团体、新闻出版、科教文卫、风景名胜、公共设施等的土地
		081	机关团体用地	指用于党政机关、社会团体、群众自治组织等的用地
		082	新闻出版用地	指用于广播电台、电视台、电影厂、报社、杂志社、通讯社、出版社等的用地
		083	科教用地	指用于各类教育，独立的科研、勘测、设计、技术推广、科普等的用地
		084	医卫慈善用地	指用于医疗保健、卫生防疫、急救康复、医检药检、福利救助等的用地
		085	文体娱乐用地	指用于各类文化、体育、娱乐及公共广场等的用地
		086	公共设施用地	指用于城乡基础设施的用地。包括给排水、供电、供热、供气、邮政、电信、消防、环卫、公用设施维修等用地
		087	公园与绿地	指城镇、村庄内部的公园、动物园、植物园、街心花园和用于休憩及美化环境的绿化用地
		088	风景名胜设施用地	指风景名胜（包括名胜古迹、旅游景点、革命遗址等）景点及管理机构的建筑用地。景区内的其他用地按现状归入相应地类

附表 A-3　土地利用现状分类Ⅲ

一级类		二级类		含义
编码	名称	编码	名称	
09	特殊用地			指用于军事设施、涉外、宗教、监教、殡葬等的土地
		091	军事设施用地	指直接用于军事目的的设施用地
		092	使领馆用地	指用于外国政府及国际组织驻华使领馆、办事处等的用地
		093	监教场所用地	指用于监狱、看守所、劳改场、劳教所、戒毒所等的建筑用地
		094	宗教用地	指专门用于宗教活动的庙宇、寺院、道观、教堂等宗教自用地
		095	殡葬用地	指陵园、墓地、殡葬场所用地
10	交通运输用地			指用于运输通行的地面线路、场站等的土地。包括民用机场、港口、码头、地面运输管道和各种道路用地
		101	铁路用地	指用于铁道线路、轻轨、场站的用地。包括设计内的路堤、路堑、道沟、桥梁、林木等用地
		102	公路用地	指用于国道、省道、县道和乡道的用地。包括设计内的路堤、路堑、道沟、桥梁、汽车停靠站、林木及直接为其服务的附属用地
		103	街巷用地	指用于城镇、村庄内部公用道路（含立交桥）及行道树的用地。包括公共停车场，汽车客货运输站点及停车场等地
		104	农村道路	指公路用地以外的南方宽度≥1.0米、北方宽度≥2.0米的村间、田间道路（含机耕道）
		105	机场用地	指用于民用机场的用地
		106	港口码头用地	指用于人工修建的客运、货运、捕捞及工作船舶停靠的场所及其附属建筑物的用地，不包括常水位以下部分
		107	管道运输用地	指用于运输煤炭、石油、天然气等管道及其相应附属设施的地上部分用地
				指陆地水域，海涂，沟渠、水工建筑物等用地。不包括滞洪区和已垦滩涂中的耕地、园地、林地、居民点、道路等用地
11	水域及水利设施用地	111	河流水面	指天然形成或人工开挖河流常水位岸线之间的水面，不包括被堤坝拦截后形成的水库水面
		112	湖泊水面	指天然形成的积水区常水位岸线所围成的水面
		113	水库水面	指人工拦截汇集而成的总库容≥10万立方米的水库正常蓄水位岸线所围成的水面
		114	坑塘水面	指人工开挖或天然形成的蓄水量<10万立方米的坑塘常水位岸线所围成的水面
		115	沿海滩涂	指沿海大潮高潮位与低潮位之间的潮浸地带。包括海岛的沿海滩涂。不包括已利用的滩涂

附表 A-4　土地利用现状分类Ⅳ

一级类		二级类		含义
编码	名称	编码	名称	
11	水域及水利设施用地	116	内陆滩涂	指河流、湖泊常水位至洪水位间的滩地；时令湖、河洪水位以下的滩地；水库、坑塘的正常蓄水位与洪水位间的滩地。包括海岛的内陆滩涂。不包括已利用的滩地
		117	沟渠	指人工修建，南方宽度≥1.0米、北方宽度≥2.0米用于引、排、灌的渠道，包括渠槽、渠堤、取土坑、护堤林
		118	水工建筑用地	指人工修建的闸、坝、堤路林、水电厂房、扬水站等常水位岸线以上的建筑物用地
		119	冰川及永久积雪	指表层被冰雪常年覆盖的土地
12	其他土地			指上述地类以外的其他类型的土地
		121	空闲地	指城镇、村庄、工矿内部尚未利用的土地
		122	设施农用地	指直接用于经营性养殖的畜禽舍、工厂化作物栽培或水产养殖的生产设施用地及其相应附属用地，农村宅基地以外的晾晒场等农业设施用地
		123	田坎	主要指耕地中南方宽度≥1.0米、北方宽度≥2.0米的地坎
		124	盐碱地	指表层盐碱聚集，生长天然耐盐植物的土地
		125	沼泽地	指经常积水或渍水，一般生长沼生、湿生植物的土地
		126	沙地	指表层为沙覆盖、基本无植被的土地。不包括滩涂中的沙地
		127	裸地	指表层为土质，基本无植被覆盖的土地；或表层为岩石、石砾，其覆盖面积≥70%的土地

附表 A-5　城镇村及工矿用地

一级		二级		含义
编码	名称	编码	名称	
20	城镇村及工矿用地			指城乡居民点、独立居民点以及居民点以外的工矿、国防、名胜古迹等企事业单位用地，包括其内部交通、绿化用地。
		201	城市	指城市居民点，以及与城市连片的和区政府、县级市政府所在地镇级辖区内的商服、住宅、工业、仓储、机关、学校等单位用地。
		202	建制镇	指建制镇居民点，以及辖区内的商服、住宅、工业、仓储、学校等企事业单位用地。
		203	村庄	指农村居民点，以及所属的商服、住宅、工矿、工业、仓储、学校等用地。
		204	采矿用地	指采矿、采石、采砂（沙）场，盐田，砖瓦窑等地面生产用地及尾矿堆放地。
		205	风景名胜及特殊用地	指城镇村用地以外用于军事设施、涉外、宗教、监教、殡葬等的土地，以及风景名胜（包括名胜古迹、旅游景点、革命遗址等）景点及管理机构的建筑用地。

注：开展农村土地调查时，对《土地利用现状分类》中05、06、07、08、09一级类和103、121二级类按表 A-2 进行归并。

（2007 年 8 月 10 日中华人民共和国国家质量监督检验检疫总局和中国国家标准化管理委员会联合发布）

附录 B 中国科学院土地利用分类

附表 B-1 中国科学院土地利用分类

一级类型	二级类型	属性编码	空间分布位置
林地	有林地(乔木)	21	主要分布在高山(海拔 4000 米以下)或中山坡地、谷地两坡、山顶、平原等。在青海南山、祁连山均有
林地	灌木林地	22	主要分布在较高的山区(4500 米以下),多数分布在山坡和山谷及沙地
林地	疏林地	23	主要分布在山区、丘陵、平原及沙地、戈壁(壤质、沙砾质)边缘
林地	其他林地	24	主要分布在绿洲田埂,河边、路边及农村居民点周围
草地	高覆盖草地	31	一般分布在山区(缓坡)、丘陵(陡坡)及河间滩地、戈壁、沙地丘间等
草地	中覆盖草地	32	主要分布在较干燥地方(隔壁低洼地和沙地丘间地等)
草地	低覆盖草地	33	主要生长在较干燥地方(黄土丘陵上和沙地边缘)
水域	河渠	41	主要分布在平原、川间耕地以及山间沟谷内
水域	湖泊	42	主要分布在山间低地和沙地丘间低地内
水域	水库坑塘	43	主要分布在平原、川间谷内,周围有居民地和耕地
水域	冰川及永久性积雪	44	主要分布在(4000 以上)高山顶部
水域	河滩地	46	基本分布在河流两侧及河心岛上
城乡居民点和工矿交通用地	城镇用地	51	主要分布在平原、山区盆地、黄土塬、黄土坡及沟谷地台地
城乡居民点和工矿交通用地	农村居民用地	52	主要分布在绿洲、耕地及路边(在黄土地区的塬面、坡上都有
城乡居民点和工矿交通用地	工矿和交通用地	53	一般分布在城镇和交通较发达的地区
未利用土地	沙地	61	大多分布在河流两侧、河拐湾及山前戈壁外围
未利用土地	戈壁	62	主要分布在风蚀较强有沙源物质输送的山前带
未利用土地	盐碱	63	主要分布在相对较低易积水及干湖泊及湖泊边
未利用土地	沼泽	64	主要分布在相对较低易积水地段
未利用土地	裸土地	65	主要分布在较干旱地区(山间陡坡、丘陵、戈壁)
未利用土地	裸岩	66	主要分布在极度干旱的山区(风大、少雨)
耕地	水田	113	主要分布在河流冲积平原、盆地、河谷川地

一级类型	二级类型	属性编码	空间分布位置
耕地	水田	112	分布在丘陵河谷窄谷台地或滩地上（有灌溉条件）
耕地	水田	111	主要分布在山区山间河谷窄谷台地或滩地上（有较好的灌溉条件）
耕地	旱地	124	主要分布在山区，坡度一般都大于 25 度（属于陡坡坡挂地），应退耕还林
耕地	旱地	123	主要分布在盆地、山前带、河流冲积、洪积或湖积平原（水源短缺灌溉条件差）
耕地	旱地	122	主要分布在丘陵区（陕、甘、宁、青均有）。一般状况下地块分布在丘陵的缓坡以及墚、卯之上